编 委 会

高职高专项目导向系列教材

化工单元操作技术
（传质分离技术）

李洪林　主编

化学工业出版社

·北京·

本书是根据高职高专化工技术类专业人才培养目标要求和化工总控工职业资格要求编写的。力图以化工生产的职业能力为主线，以岗位工作任务为载体，以典型的化工单元操作为对象，突出体现对学生职业技能的培养。内容包括：蒸馏操作、吸收操作、萃取操作及吸附操作四个学习情境。学习情境中的每个任务都是遵循项目化教学要求，按照"任务介绍—任务分析—任务实施—考核评价—知识链接"构建的内容体系。符合认知规律，便于指导教学。

本书适用于石油化工、应用化工、有机化工、无机化工、高分子化工或轻工、制药、生物等高职专业的教学，也可作为相关企业操作工的培训教材，以及供从事化工生产和管理的工程技术人员参考。

图书在版编目（CIP）数据

化工单元操作技术（传质分离技术）/李洪林主编．—北京：化学工业出版社，2012.6

高职高专项目导向系列教材

ISBN 978-7-122-14549-9

Ⅰ．①化… Ⅱ．①李… Ⅲ．①化工单元操作-高等职业教育-教材②传质-化工过程-高等职业教育-教材③分离-化工过程-高等职业教育-教材 Ⅳ．①TQ02

中国版本图书馆 CIP 数据核字（2012）第 127889 号

| 责任编辑：窦　臻 | 文字编辑：向　东 |
| 责任校对：边　涛 | 装帧设计：刘丽华 |

出版发行：化学工业出版社（北京市东城区青年湖南街 13 号　邮政编码 100011）

印　　装：三河市延风印装厂

787mm×1092mm　1/16　印张 9¾　字数 231 千字　2012 年 9 月北京第 1 版第 1 次印刷

购书咨询：010-64518888（传真：010-64519686）　　售后服务：010-64518899

网　　址：http://www.cip.com.cn

凡购买本书，如有缺损质量问题，本社销售中心负责调换。

定　　价：28.00 元

序

辽宁石化职业技术学院是于 2002 年经辽宁省政府审批，辽宁省教育厅与中国石油锦州石化公司联合创办的与石化产业紧密对接的独立高职院校，2010 年被确定为首批"国家骨干高职立项建设学校"。多年来，学院深入探索教育教学改革，不断创新人才培养模式。

2007 年，以于雷教授《高等职业教育工学结合人才培养模式理论与实践》报告为引领，学院正式启动工学结合教学改革，评选出 10 名工学结合教学改革能手，奠定了项目化教材建设的人才基础。

2008 年，制定 7 个专业工学结合人才培养方案，确立 21 门工学结合改革课程，建设 13 门特色校本教材，完成了项目化教材建设的初步探索。

2009 年，伴随辽宁省示范校建设，依托校企合作体制机制优势，多元化投资建成特色产学研实训基地，提供了项目化教材内容实施的环境保障。

2010 年，以戴士弘教授《高职课程的能力本位项目化改造》报告为切入点，广大教师进一步解放思想、更新观念，全面进行项目化课程改造，确立了项目化教材建设的指导理念。

2011 年，围绕国家骨干校建设，学院聘请李学锋教授对教师系统培训"基于工作过程系统化的高职课程开发理论"，校企专家共同构建工学结合课程体系，骨干校各重点建设专业分别形成了符合各自实际、突出各自特色的人才培养模式，并全面开展专业核心课程和带动课程的项目导向教材建设工作。

学院整体规划建设的"项目导向系列教材"包括骨干校 5 个重点建设专业（石油化工生产技术、炼油技术、化工设备维修技术、生产过程自动化技术、工业分析与检验）的专业标准与课程标准，以及 52 门课程的项目导向教材。该系列教材体现了当前高等职业教育先进的教育理念，具体体现在以下几点：

在整体设计上，摒弃了学科本位的学术理论中心设计，采用了社会本位的岗位工作任务流程中心设计，保证了教材的职业性；

在内容编排上，以对行业、企业、岗位的调研为基础，以对职业岗位群的责任、任务、工作流程分析为依据，以实际操作的工作任务为载体组织内容，增加了社会需要的新工艺、新技术、新规范、新理念，保证了教材的实用性；

在教学实施上，以学生的能力发展为本位，以实训条件和网络课程资源为手段，融教、学、做为一体，实现了基础理论、职业素质、操作能力同步，保证了教材的有效性；

在课堂评价上，着重过程性评价，弱化终结性评价，把评价作为提升再学习效能的反馈工具，保证了教材的科学性。

目前，该系列校本教材经过校内应用已收到了满意的教学效果，并已应用到企业员工培训工作中，受到了企业工程技术人员的高度评价，希望能够正式出版。根据他们的建议及实际使用效果，学院组织任课教师、企业专家和出版社编辑，对教材内容和形式再次进行了论证、修改和完善，予以整体立项出版，既是对我院几年来教育教学改革成果的一次总结，也希望能够对兄弟院校的教学改革和行业企业的员工培训有所助益。

感谢长期以来关心和支持我院教育教学改革的各位专家与同仁，感谢全体教职员工的辛勤工作，感谢化学工业出版社的大力支持。欢迎大家对我们的教学改革和本次出版的系列教材提出宝贵意见，以便持续改进。

辽宁石化职业技术学院　院长　徐建春

2012 年春于锦州

前 言

《化工单元操作技术》（传质分离技术）是根据高职高专化工技术类专业人才培养目标要求和化工总控工职业资格要求编写的。本书力图以化工生产的职业能力为主线，以岗位工作任务为载体，以典型的化工单元操作为对象，强化对学生职业技能的培养。

为突出高等职业教育的基本特征和职业教育的特点，培养高等技术应用型人才，在遵循国家职业标准与生产岗位需求相结合的原则基础上，本书打破课程界限，有效整合了化工原理、化工单元操作实训、认识实习、化工制图、化工仪表与自动控制等多门课程的部分资源，并将化工总控工考核内容融合于课程教学之中，依托常规的实训装置和实训基地，使教材更加适合实现工学结合项目化教学。

本书具有如下特色：

• 所选教学情境是经过调研论证的相关企业典型单元操作；

• 突出高职特色，依据生产实际的化工单元操作岗位，操作人员必须具备的基本操作技能和知识来选择内容，主次分明；

• 依据工作过程导向重构课程内容，与以工作任务为引领的项目化教学要求相适应，体现讲、学、练一体化，突出对学生职业技能的培养；

• 工作任务典型，既承载知识又承载技能，且知识支承技能；

• 知识由简到难，技能由单一到综合，循序渐进，螺旋上升。

全书共分四个学习情境，内容包括：精馏操作、吸收操作、萃取操作及吸附操作。学习情境中的每个任务都是按照"任务介绍—任务分析—任务实施—考核评价—知识链接"构建内容体系，符合认知规律，便于指导教学。其中学习情境一、学习情境二由李洪林编写；学习情境三由李洪林、张静、尤景红编写；学习情境四由王壮坤、李洪林编写；段树斌、卢中民参与了资料收集和校核。

本书适用于应用型、技能型人才培养的石油化工、应用化工、有机化工、无机化工、高分子化工或轻工、制药、生物等专业的教学，也可作为相关企业的培训教材，以及供从事化工生产和管理的工程技术人员参考。

由于作者水平所限，书中不足和疏漏之处在所难免，恳请读者批评指正。

编者

2012 年 4 月

目录

学习情境二　吸收操作 　　　　　　　　　　51

精 馏 操 作

精馏是分离均相液体混合物非常典型的单元操作,将气体混合物冷凝或固体混合物液化后也可以采用精馏的方法分离,因此精馏不仅在石油炼制、煤化工、有机化工等化学工业中有着广泛应用,在其他工业领域也较常见,在此,拟以乙醇-水混合物分离装置作为学习情境,探讨精馏操作。

任务一　认识精馏基本工艺过程

【任务介绍】

要想操控精馏生产装置,必须具备相关的知识和技能。认识精馏基本工艺过程,又是最应首先具备的基本能力,是其他能力具备的前提和基础。本任务具体目标如下。

知识目标:

(1) 掌握精馏原理;

(2) 熟悉精馏分类;

(3) 了解精馏在化工生产中的应用。

技能目标:

(1) 认识精馏流程中的主要设备的名称、作用;

(2) 能够正确绘制和叙述连续精馏基本流程。

素质目标:

培养知识应用能力、分析能力、自学能力、与人合作能力、遵守纪律意识等。

【任务分析】

分离均相液体混合物的方法有很多,精馏是其方法之一,由于该分离方法能将混合液近乎完全分离,因此应用最为广泛。究其根源,是精馏原理决定了此法的分离特点,也是精馏原理决定了精馏流程设置。因此,要在理解精馏原理的基础上认识精馏基本流程,并通过绘制、识读、查走流程,强化对精馏基本工艺过程的记忆和理解。

【任务实施】

将学生分成小组,每组 6~8 人,以小组为单位开展如下活动。

通过对运行的精馏塔进料、出料取样,分析检测后,会发现塔顶出料中乙醇含量大大提高了。由此引发学生思考,借助资料、自主学习、展开小组讨论。在老师引导下,从精馏分离原理、精馏基本工艺流程等方面寻找答案。

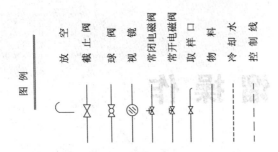

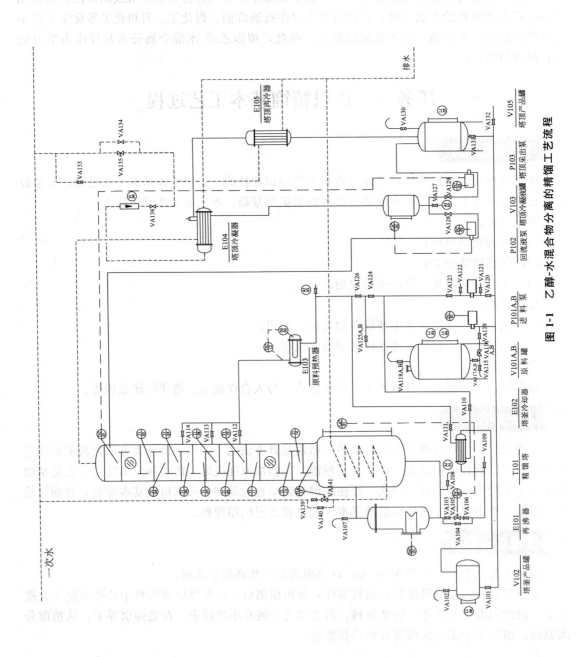

图 1-1 乙醇-水混合物分离的精馏工艺流程

一、观察精馏装置的构成

图 1-1 为乙醇和水的混合物分离的精馏工艺流程。通过观察与之对应的实际装置，认识精馏塔、再沸器、冷凝器、预热器、进料泵、回流泵、储罐及管路阀门、仪表等主要设备及器件。

二、查走并叙述精馏流程

混合液由原料储罐 V101A（或 B）经进料泵 P101A（或 B），再经原料预热器 E103，打入精馏塔 T101。釜液经再沸器 E101 加热汽化上升，与塔内下降的液体在塔板的作用下充分接触，进行传热、传质。由于经多层塔板作用，塔顶蒸出的即是乙醇含量较高的气体，再经塔顶冷凝器 E104 冷凝成液体后打入塔顶冷凝液罐 V103，一部分作为产品经塔顶产品泵 P103 打入塔顶产品罐 V105，另一部分经回流液泵 P102 打到塔顶返回塔内。塔釜未汽化的液体为近乎纯水，打到塔釜产品罐 V102 中。

三、分析精馏过程

依据精馏原理，分析精馏分离混合物的过程。

1. 多次部分汽化和多次部分冷凝

如图 1-2 所示，若将组成为 y_1 的汽相混合物进行部分冷凝，则可得到汽相组成为 y_2 与液相组成为 x_2' 的平衡两相，且 $y_2 > y_1$；若将组成为 y_2 的汽相混合物进行部分冷凝，则可得到汽相组成为 y_3 与液相组成为 x_3' 的平衡两相，且 $y_3 > y_2 > y_1$。可见，气体混合物经多次部分冷凝，所得汽相中易挥发组分含量就越高，最后可得到几乎纯态的易挥发组分。

同理，若将组成为 x_1 的液体加热，使之部分汽化，可得到汽相组成为 y_2' 与液相组成为 x_2 的平衡两相，且 $x_2 < x_1$，若将组成为 x_2 的液体进行部分汽化，则可得到汽相组成为 y_3' 与液相组成为 x_3 的平衡两相，且 $x_3 < x_2 < x_1$。可见，液体混合物经多次部分汽化，所得到液相中易挥发组分的含量就越低，最后可得到几乎纯态的难挥发组分。

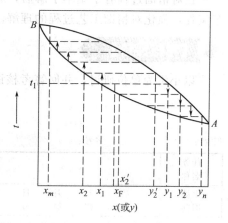

图 1-2 多次部分汽化和多次部分冷凝示意图

2. 混合物在每层塔板上的分离

图 1-3 为板式塔中任意第 n 块塔板的操作情况。如原料液为双组分混合物，下降液体来自第 $n-1$ 块板，其易挥发组分的浓度为 x_{n-1}，温度为 t_{n-1}。上升蒸汽来自第 $n+1$ 块板，其易挥发组分的浓度为 y_{n+1}，温度为 t_{n+1}。当汽液两相在第 n 块板上相遇时，$t_{n+1} > t_{n-1}$，因而上升蒸汽与下降液体必然发生热量交换，蒸汽放出热量，自身发生部分冷凝，而液体萃取热量，自身发生部分汽化。由于上升蒸汽与下降液体的浓度互相不平衡，如图 1-4 所示，液相部分汽化时易挥发组分向汽相扩散，汽相部分冷凝时难挥发组分向液相扩散。结果下降液体中易挥发组分浓度降低，难挥发组分浓度升高；上升蒸汽中易挥发组分浓度升高，难挥发组分浓度下降。

若上升蒸汽与下降液体在第 n 块板上接触时间足够长，两者温度将相等，都等于 t_n，汽液两相组成 y_n 与 x_n 相互平衡，称此塔板为理论塔板。实际上，塔板上的汽液两相接触时间有限，气液两相组成只能趋于平衡。

由以上分析可知，汽液相通过一层塔板，同时发生一次部分汽化和一次部分冷凝。通过

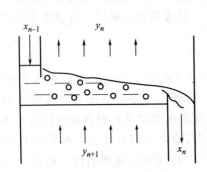

图 1-3　塔板上的传质分析

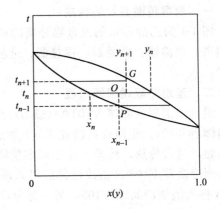

图 1-4　精馏过程的 t-$x(y)$ 示意图

多层塔板，即同时进行了多次部分汽化和多次部分冷凝，最后，在塔顶得到的汽相为较纯的易挥发组分，在塔底得到的液相为较纯的难挥发组分，从而达到所要求的分离程度。

四、提炼并绘制精馏基本工艺流程

在对精馏过程有了基本了解后，对实际精馏装置进行简化提炼，绘制并叙述精馏基本工艺流程，强化对精馏工艺过程的理解。

【考核评价】

以小组为单位研讨，并回答考核评价表中的问题。

考核评价表

姓名：　　　　学号：　　　　组别：　　　　班级：

任务名称	任务一　认识精馏基本工艺过程		
上课时间	年　月　日 第　周　第　节	上课地点	
1. 用 t-$x(y)$ 图阐述精馏塔内任一塔板是怎样实现分离的。			
2. 画出精馏基本工艺流程图。			
考核结果			

依据表 1-1 中考核标准，对学生进行考核。

表 1-1　考核标准

考核内容	考核方式	考核标准			
1. 精馏原理	1. 用 $t-x(y)$ 图阐述精馏塔内任一塔板是怎样实现分离的	很好	较好	一般	较差
		100 分	80 分	60 分	40 分
2. 精馏基本流程	2. 画出精馏基本工艺流程图	以图 1-1 为标准，全对为 100 分，每错一处扣 10 分			

☞【知识链接】

一、蒸馏与精馏

蒸馏是分离液体均相混合物最早实现工业化的典型单元操作。它是通过加热造成汽液两相体系，利用混合物中各组分挥发性不同而达到分离的目的。

液体均具有挥发而成为蒸汽的能力，但不同液体在一定温度下的挥发能力各不相同。例如：一定温度下，乙醇比水挥发得快。如果在一定压力下，对乙醇和水混合液进行加热，使之部分汽化，因乙醇的沸点低，易于汽化，故在产生的蒸汽中，乙醇的含量将高于原混合液中乙醇的含量。若将汽化的蒸汽全部冷凝，便可获得乙醇含量高于原混合液的产品，使乙醇和水得到某种程度的分离。

混合物中挥发能力高的组分称为易挥发组分或轻组分，把挥发能力低的组分称为难挥发组分或重组分。

在同一个塔设备内将混合物多次地进行蒸馏，使混合物分离成近乎单一组分的过程又叫精馏。精馏操作是蒸馏操作的方法之一，工业蒸馏过程有多种分类方法，见表 1-2。本学习情境主要讨论双组分连续常压精馏操作过程。

表 1-2　蒸馏操作的分类

分　类		特　点　及　应　用
按蒸馏方式分类	平衡蒸馏	平衡蒸馏和简单蒸馏，只能达到有限程度的提浓而不可能满足高纯度的分离要求。常用于混合物中各组分的挥发能力（或沸点）相差较大，对分离要求又不高的场合
	简单蒸馏	
	精馏	精馏是借助回流技术来实现高纯度和高回收率的分离操作
	特殊精馏	特殊精馏适用于普通精馏难以分离或无法分离的物系
按操作压力分类	加压精馏 常压精馏 真空精馏	常压下为气态（如空气）或常压下沸点为室温的混合物，常采用加压蒸馏；对于常压下沸点较高（一般高于 150℃）或高温下易发生分解、聚合等变质现象的热敏性物料宜采用真空蒸馏，以降低操作温度
按被分离混合物中组分的数目分类	两组分精馏 多组分精馏	工业生产中，绝大多数为多组分精馏，多组分精馏过程更复杂
按操作流程分类	间歇精馏 连续精馏	间歇操作是不稳定操作，主要应用于小规模、多品种或某些有特殊要求的场合，工业中以连续精馏为主

二、精馏原理

（一）精馏的汽液相平衡

精馏过程属于汽液相间的相际传质过程，汽液相间的平衡关系，是指导精馏操作的重要理论。

1. 双组分物系的汽液相平衡图

用相图来表达汽液相平衡关系比较直观、清晰，而且影响精馏的因素可在相图上直接反映出来，对于双组分精馏过程的分析和计算非常方便。精馏中常用的相图有以下两种。

(1) 沸点-组成图　沸点-组成图即 $t\text{-}x(y)$ 图，数据通常由实验测得。以苯-甲苯混合液为例，在常压下，其 $t\text{-}x(y)$ 图如图 1-5 所示，以温度 t 为纵坐标，液相组成 x_A 和汽相组成 y_A 为横坐标（x，y 均指易挥发组分的摩尔分数）。图中有两条曲线，下曲线表示平衡时液相组成与温度的关系，称为液相线，上曲线表示平衡时汽相组成与温度的关系，称为汽相线。两条曲线将整个 $t\text{-}x(y)$ 图分成三个区域，液相线以下代表尚未沸腾的液体，称为液相区。汽相线以上代表过热蒸汽区。被两曲线包围的部分为汽液共存区。

在恒定总压下，组成为 x，温度为 t_1（图中的点 A）的混合液升温至 t_2（点 J）时，溶液开始沸腾，产生第一个气泡，相应的温度 t_2 称为泡点，产生的第一个气泡组成为 y_1（点 C）。同样，组成为 y、温度为 t_4（点 B）的过热蒸汽冷却至温度 t_3（点 H）时，混合气体开始冷凝产生第一滴液滴，相应的温度 t_3 称为露点，凝结出第一个液滴的组成为 x_1（点 Q）。F、E 两点为纯苯和纯甲苯的沸点。

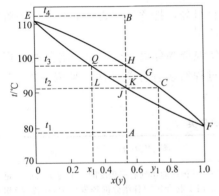

图 1-5　苯-甲苯物系的 $t\text{-}x(y)$ 图

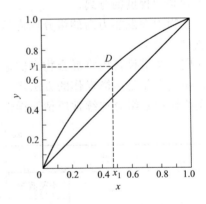

图 1-6　苯-甲苯物系的 $y\text{-}x$ 图

应用 $t\text{-}x(y)$ 图，可以求取任一沸点的汽液相平衡组成。当某混合物系的总组成与温度位于点 K 时，则此物系被分成互成平衡的汽液两相，其液相和汽相组成分别用 L、G 两点表示。两相的量由杠杆规则确定。

操作中，根据塔顶、塔底温度，确定产品的组成，判定是否合乎质量要求；反之，则可以根据塔顶、塔底产品的组成，判定温度是否合适。

(2) 汽液相平衡图　汽液相平衡图又称 $y\text{-}x$ 图。在两组分精馏的图解计算中，应用一定总压下的 $y\text{-}x$ 图非常方便快捷。

$y\text{-}x$ 图表示在恒定的外压下，蒸汽组成 y 和与之平衡的液相组成 x 之间的关系。图 1-6 是 101.3kPa 的总压下，苯-甲苯混合物系的 $y\text{-}x$ 图，它表示不同温度下互成平衡的汽液两相组成 y 与 x 的关系。图中任意点 D 表示组成为 x_1 的液相与组成为 y_1 的汽相互相平衡。图中对角线 $y=x$，为辅助线。两相达到平衡时，汽相中易挥发组分的浓度大于液相中易挥发组分的浓度，即 $y>x$，故平衡线位于对角线的上方。平衡线离对角线越远，说明互成平衡的汽液两相浓度差别越大，溶液就越容易分离。常见两组分物系常压下的平衡数据，可从物理化学或化工手册中查得。

2. 用相对挥发度表示的平衡关系

一定温度下，汽液达平衡时，溶液上方某组分的分压与该组分在溶液中的摩尔分数的比值被称为挥发度，用 ν 表示。而两组分的挥发度之比即被称为相对挥发度，用 α 表示。例如，α_{AB} 表示溶液中组分 A 对组分 B 的相对挥发度，根据定义

$$\alpha_{AB} = \frac{\nu_A}{\nu_B} = \frac{p_A/x_A}{p_B/x_B} = \frac{p_A x_B}{p_B x_A} \tag{1-1}$$

若气体服从道尔顿分压定律，则

$$\alpha_{AB} = \frac{p y_A x_B}{p y_B x_A} = \frac{y_A x_B}{y_B x_A} \tag{1-2}$$

对于理想溶液，即相邻的相同分子间的引力与不同分子间的引力相等的混合液（实际混合物都不是理想溶液，但由分子结构相近、化学性质相似的组分构成的混合物可以近似看作理想溶液，如苯-甲苯、己烷-庚烷等物系），因其服从拉乌尔定律，则

$$\alpha = \frac{p_A^0}{p_B^0} \tag{1-3}$$

式(1-3)说明理想溶液的相对挥发度等于同温度下纯组分 A 和纯组分 B 的饱和蒸气压之比。p_A^0、p_B^0 随温度而变化，但 p_A^0/p_B^0 随温度变化不大，故一般可将 α 视为常数，计算时可取其平均值。

对于二元体系，$x_B = 1 - x_A$，$y_B = 1 - y_A$，通常认为 A 为易挥发组分，B 为难挥发组分，略去下标 A、B，则式(1-2)可得

$$y = \frac{\alpha x}{1 + (\alpha - 1)x} \tag{1-4}$$

上式称为相平衡方程，在精馏计算中用式(1-4)来表示汽液相平衡关系更为简便。

由式(1-4)可知，当 $\alpha = 1$ 时，$y = x$，汽液相组成相同，二元体系不能用普通精馏法分离；当 $\alpha > 1$ 时，分析式(1-4)可知，$y > x$。α 越大，y 比 x 大得越多，互成平衡的汽液两相浓度差别越大，组分 A 和 B 越易分离。因此由 α 值的大小可以判断溶液是否能用普通精馏方法分离及分离的难易程度。

（二）精馏原理

在精馏塔内把液体混合物进行多次部分汽化，同时又把产生的蒸汽多次部分冷凝，使混合物分离为所要求组分的操作过程称为精馏。

对于一次汽化、一次冷凝来说，由于液体混合物中所含的组分的沸点不同，当其在一定温度下部分汽化时，因低沸点组分易于汽化，故它在汽相中的浓度较液相高，而液相中高沸点组分的浓度较汽相高。这就改变了汽液两相的组成。当对部分汽化所得蒸汽进行部分冷凝时，因高沸点组分易于冷凝，使冷凝液中高沸点组分的浓度较汽相高，而为冷凝汽中低沸点组分的浓度比冷凝液中要高。这样经过一次部分汽化和部分冷凝，使混合液通过各组分浓度的改变得到了初步分离。如果多次的这样进行下去，将最终在液相中留下的基本上是高沸点的组分，在汽相中留下的基本上是低沸点的组分。由此可见，多次部分汽化和多次部分冷凝同时进行，就可以将混合物分离为比较纯的组分。

液体汽化要吸收热量，气体冷凝要放出热量。为了合理地利用热量，我们可以把气体冷凝时放出的热量供给液体汽化时使用，也就是使汽液两相直接接触，在传热同时进行传质。为了满足这一要求，在实践中，这种多次部分汽化伴随多次部分冷凝的过程是在起逆流作用

的板式设备中进行的。所谓逆流，就是因液体受热而产生的温度较高的气体，自下而上地同塔顶因冷凝而产生的温度较低的回流液体（富含低沸点组分）作逆向流动。塔内所发生的传热传质过程如下：①汽液两相进行热的交换，利用部分汽化所得气体混合物中的热来加热部分冷凝所得的液体混合物；②汽液两相在热交换的同时进行质的交换。温度较低的液体混合物被温度较高的气体混合物加热而部分汽化。此时，因挥发能力的差异（低沸点物挥发能力强，高沸点物挥发能力弱），低沸点物比高沸点物挥发多，结果表现为低沸点组分从液相转为汽相，汽相中易挥发组分增浓；同理，温度较高的汽相混合物，因加热了温度较低的液体混合物，而使自己部分冷凝，同样因为挥发能力的差异，使高沸点组分从汽相转为液相，液相中难挥发组分增浓。

三、精馏操作基本流程

精馏装置一般都应由精馏塔、塔顶冷凝器、塔底再沸器等相关设备组成，有时还要配原料预热器、产品冷却器、回流用泵等辅助设备。

连续精馏装置流程如图 1-7 所示。

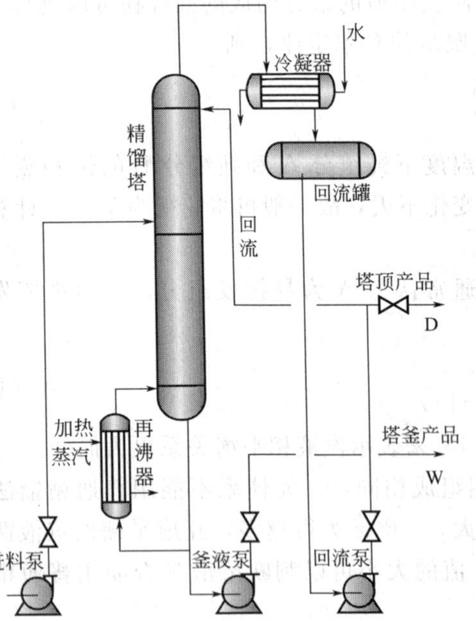

图 1-7　连续精馏装置流程

以板式塔为例，原料液预热至指定的温度后从塔的中段适当位置加入精馏塔，与塔上部下降的液体汇合，然后逐板下流，最后流入塔底，部分液体作为塔底产品，其主要成分为难挥发组分，另一部分液体在再沸器中被加热，产生蒸汽，蒸汽逐板上升，最后进入塔顶冷凝器中，经冷凝器冷凝为液体，进入回流罐，一部分液体作为塔顶产品，其主要成分为易挥发组分，另一部分回流作为塔中的下降液体。

通常，将原料加入的那层塔板称为加料板。加料板以上部分，起精制原料中易挥发组分的作用，称为精馏段，塔顶产品称为馏出液。加料板以下部分（含加料板），起提浓原料中难挥发组分的作用，称为提馏段，从塔釜排出的液体称为塔底产品或釜残液。

精馏塔是由若干塔板组成的，塔的最上部称为塔顶，塔的最下部称为塔釜。塔内的一块塔盘只进行一次部分汽化和部分冷凝，塔盘数愈多，部分汽化和部分冷凝的次数愈多，分离效果愈好。通过整个精馏过程，最终由塔顶得到高纯度的易挥发组分，塔釜得到的基本上是难挥发的组分。塔底温度最高，接近难挥发组分的沸点；塔顶温度最低，接近易挥发组分的沸点。

为实现分离操作，除了需要有足够层数塔板的精馏塔之外，还必须从塔底引入上升蒸汽流（汽相回流）和从塔顶引入下降的液流（液相回流），以建立汽液两相体系。塔底上升蒸汽和塔顶液相回流是保证精馏操作过程连续、稳定进行的必要条件。没有回流，塔板上就没有汽液两相的接触，就没有质量交换和热量交换，也就没有轻、重组分的分离。

四、精馏在化工生产中的应用

化工生产中，常常需要对均相液体混合物进行分离，以便满足生产工艺要求或产品质量要求。能够完成这一分离任务的方法有很多，而精馏操作是最为常见的操作方法。尤其在石油化工、有机化工、高分子化工、精细化工、医药加工等领域应用最为广泛。例如将原油蒸馏可得到汽油、煤油、柴油及重油等；将混合芳烃蒸馏可得到苯、甲苯及二甲苯等；将液态空气蒸馏可得到纯态的液氧和液氮等。

任务二 认识板式精馏塔

精馏塔是精馏装置中的核心设备。其构造和操作状态直接影响精馏分离效果。

【任务介绍】

以汽提分馏塔（即精馏塔）为学习情境，学生以小组为单位，依次轮换上塔，通过细致观察精馏塔外部构件、内部构件（由事先打开的人孔观察），通过小组讨论，借助阅读相关资料和老师指导，完成对板式精馏塔的全面认识。具体目标如下。

知识目标：

（1）掌握板式精馏塔内理想流动与非理想流动；

（2）熟悉板式塔种类、构造及特点。

技能目标：

（1）能区别不同类型的板式塔，并能说出细部构造的名称及其作用；

（2）会正确描述板式塔内正常操作时汽液流动与接触状况；

（3）会正确拆装塔板，强化对塔构造的认识。

素质目标：

培养知识应用能力、与人合作能力、安全意识、遵守纪律意识等。

【任务分析】

板式塔、填料塔都可以作为精馏塔，都能为汽液两相提供充分的接触时间、面积和空间，以达到理想的分离效果，其中板式塔用于精馏操作更为常见。板式塔的种类有很多，主要区别是塔板构造不同，熟悉了不同塔板的构造特点，就能理解其应用场合，就会加深理解板式塔用于精馏过程的作用。

【任务实施】

以小组为单位，依次交替参观正常运行的乙醇精制装置的板式精馏塔和可供拆装的板式塔。

一、观察正常运行板式精馏塔

参观正常运行的乙醇精制装置的板式精馏塔，借助资料，并在老师指导下，能指出塔的主要构件的名称、作用；通过观察罩观察塔内汽液的流动状态，分析、论述汽液接触状态，指出有无异常操作现象。

二、观察可拆装的板式塔

参观可供拆装的板式塔，观察板式塔外部构件以及通过打开的人孔观察板式内部构造。借助资料，并在老师指导下，能指出塔的内部主要构件的名称、作用。

三、拆装塔盘

为进一步了解塔板构件，对塔板进行拆装操作。

1. 拆装前的准备

（1）明确任务要求，到现场实地勘察。

（2）清楚作业面周围环境和作业空间。

（3）人员分工，明确责任、作业时间（操作时间）。

（4）检查安全手续是否齐全，安全措施是否到位。

（5）劳动用品穿戴整齐。

2. 所用材料及工具

（1）所用材料　拆装塔盘所用的材料主要是易损件、易耗件，在拆装过程中发现缺损的构件要及时更换，常需的备件见表1-3。

表1-3　常需的备件

名称	型式、规格	数量	备注
人孔盖	外径:515mm,内径:400mm,厚度:30mm	4	
巴金垫			
卡子	55mm×30mm×13mm 不锈钢。可用19mm双头螺柱紧固	20	
浮阀	F1型浮阀,不锈钢	20	
双头螺柱	N12×65 碳钢,不锈钢	若干	
双头螺柱	N20×106 碳钢	若干	
双头螺柱	N27×153 碳钢 41～42mm	若干	
螺栓	N12×34 不锈钢	若干	

（2）选择工具　应本着尺寸标准、强度标准、类型标准和质量标准的原则进行，同时还应考虑特殊和难易程度（锈蚀程度）。具体工具见表1-4。

表1-4　工具

名称	规格	数量	备注
双头呆扳手	17mm×19mm 或 19mm×22mm,27mm×30mm 或 30mm×32mm,36mm×41mm 或 41mm×46mm 等	2把/个	
六角扳手	S30、S41(42)等	2把/个	带撬棒
套筒扳手	19mm、30mm	2把/个	
活扳手	10″、12″、15″	1把/个	
滑轮	0.5t以下	1套	
绳索	负荷25kg,30m	1根	
塔内照明灯	防爆	1盏	
手电筒	LED充电	1只	
随身工具袋	背包、反毛皮	3套	
帆布手套		10副	学生
安全帽		10个	学生

3. 塔盘拆卸

（1）拆卸塔盘需 3 人以上，清理和检修人数自定，所有参加人员必须做到塔内塔外相互配合、塔上塔下相互配合，尤其是塔内外人员应采用定时轮换的方法来调整体力、内外不断喊话的方式来保证安全。

（2）拆塔盘顺序自上而下，人员从下部人孔出塔。装塔盘顺序自下而上，人员从上部人孔出塔。

（3）入塔人员须在塔外人员配合下安全入塔，工具由塔外人员传递给塔内人员，并时时监护喊话、接应拆卸塔盘。

（4）每层塔盘拆卸顺序，先拆中间板两侧卡子，再逐个松动塔板之间连接螺丝，最后将所卸螺丝送出塔外，然后抓住一侧拉手慢慢提起，传递给塔外人员。这时人可以站到下一层塔盘上，拆卸剩余的两块边板，依次拆卸送出。

（5）塔外人员须对塔盘及每层塔盘组合板进行编号，主要是为安装塔盘不乱。编号方法：人孔编号从上至下排列 1、2、3、4…，每层塔盘编号 1、2、3…，每层塔盘组合板从里往外编号 1、2、3（人孔这边属于外），组合在一起。例如，编号 1-2-3 代表第 1 号人孔、第 2 层塔盘、第 3 块组合板。

（6）拆到深处塔盘，可用绳索将塔盘一块一块拉出人孔，塔内人员必须将塔板系牢，塔外人员听到塔内人员的起重指令后，慢慢将塔板拉到人孔处，另外一名塔外人员将塔板拿出，方可解开绳索，绝不允许在塔板起重上升途中松手或在塔内解索。

（7）将塔盘用滑轮运至二楼平台，进行清理和检修。先用铁刷将塔盘两面清理干净，检查螺丝、卡子、浮阀、溢流堰等有无损坏。补齐缺损浮阀、螺丝和卡子，对所有通用螺丝进行透油、活动，达到灵活好用。

（8）塔盘按编号摆放，核实准确，准备安装塔盘。

4. 安装塔盘

（1）塔盘安装顺序自下而上按拆卸时的编号将最底层塔盘运到下一个人孔处，其他塔盘运到原拆卸人孔处。并检查卡子安放是否正确，所用螺丝是否配带齐全、灵活好用（达到新螺丝状况）。

（2）每层塔盘安装方法：先将 1 号板放在人孔一侧塔盘架上平推过去；再将 3 号板放上；最后放 2 号板。

（3）卡子螺丝安装紧固方法：人员进入塔内，将相邻的分块塔板用螺杆穿起来，并戴上螺丝，各卡子定位并轻轻带劲（用力能窜动）；紧固连接螺丝，螺丝眼对正，紧到板与板靠严即可；拧紧各个卡子。

（4）上一层塔盘安装，需从上边人孔将编号塔板用绳索系入塔内，其安装方法与安装第一层塔盘方法相同。

（5）人在离开安装好的塔盘时，要进行清理和检查，不要将工具、螺丝和其他材料物品落在塔盘上，否则要重新拆卸和安装。必须做到干一层，清理、检查一层。

【考核评价】

考核分为两部分：一是对每位同学的考核，主要考核学生对板式基本构造是否掌握，见考核评价表 1；二是对小组考核，主要考核小组同学动手能力、协作能力、对塔板构造作用的理解，以及分析解决问题的能力，见考核评价表 2。

考核评价表1

姓名： 学号： 组别： 班级：

任务名称	任务二 认识板式精馏塔		
上课时间	年 月 日 第 周 第 节	上课地点	化工单元操作综合实训基地
考核内容	通过观察板式精馏塔,指出下图典型板式塔主要构件名称		

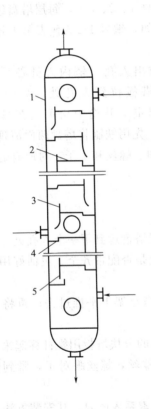

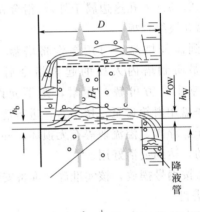

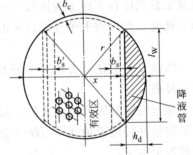

考核方式	闭卷,观察塔实物构造后回答
考核标准	图中应标注的主要构件名称20处,答对一处得5分
考核结果	

考核评价表 2

姓名： 学号： 组别： 班级：

任务 名称	任务二 认识板式精馏塔			
上课 时间	年 月 日 第 周 第 节		上课 地点	化工单元操作综合实训基地
考核 内容	塔盘拆装			

考核标准

具体任务	考核要点	细则		得分
选择工具	工具的名称	满分4分。错一个扣1分,最多扣4分		
	工具规格或型号	满分4分。错一个扣1分,最多扣4分		
	工具数量	满分4分。错一个扣1分,最多扣4分		
塔盘的拆装、清理	着装符合安全作业要求	满分4分。错一个扣1分,最多扣4分		
	进塔动作安全规范	满分4分。错一个扣1分,最多扣4分		
	对塔盘进行编号	满分4分。错一个扣1分,最多扣4分		
	按规定顺序进行拆卸	满分4分。错一个扣1分,最多扣4分		
	拆卸每层塔盘操作规范	满分4分。错一个扣1分,最多扣4分		
	规范运输塔盘	满分4分。错一个扣1分,最多扣4分		
	清理塔盘	满分4分。清理不净扣2分,未清理扣4分		
	检测、更换问题器件	满分4分。错一个扣1分,最多扣4分		
	塔盘按编号摆放,核实准确	满分4分。错一个扣1分,最多扣4分		
安装塔盘	按顺序安装塔盘	满分4分。错一个扣1分,最多扣4分		
	安装每层塔盘操作规范	满分4分。错一个扣1分,最多扣4分		
	对装好的塔盘进行检查	满分4分。错一个扣1分,最多扣4分		
	对装好的塔盘进行清理	满分4分。清理不净扣2分,未清理扣4分		
	按规定动作出人孔	满分4分。错一个扣1分,最多扣4分		
	按顺序封人孔	满分4分。错一个扣1分,最多扣4分		
	封人孔规范	满分4分。错一个扣1分,最多扣4分		
	清点工具、清理现场	满分4分。做得不好扣2分,未做扣4分		
	完成操作用时	满分20分。<20min,不扣分;21～30min,扣5分;>31min,扣10分		
考核结果				

👉【知识链接】

一、板式塔的结构类型

1. 板式塔的结构

单溢流板式塔基本构造如图 1-8 所示，塔体为圆柱形壳体，其上设有人孔（小塔为手孔)、气体和液体进出口,塔内沿塔高装有若干层塔板,相邻两板有一定的间隔距离。每层塔板上一般设有降液管、受液盘、溢流堰、板孔及孔上构件等构件。单溢流塔板结构示意见图1-9,其中结构如下。

降液管:降液管有圆形与弓形两类,是液体从上一块板上流到下一块板上的通道。

受液盘:分为平形受液盘或凹型受液盘,平形受液盘为降液管下面塔壁到入口堰的区域;凹形受液盘为降液管下面的稍大于降液管截面积、且凹下的塔盘所占的区域。起对降液管液封和液体缓冲的作用。

溢流堰:分为出口堰和入口堰。出口堰即降液管高出塔板的部分,作用是能保持塔板上有一定厚度的液层;入口堰设置在液体从上一块塔板的降液管流下,进入塔板的入口处,为高出塔板但低于或等高于出口堰的坝(若有受液盘则一般不设),起到防止降液管流下的液体直接冲击塔板而使板上液层不均的作用。

整个塔盘通常划分为有效区、溢流区、安定区和边缘区四个区域,见图1-9。

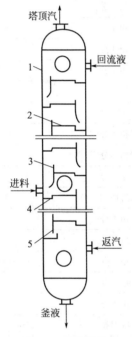

图1-8　板式塔结构

1—塔体;2—塔板;3—溢流堰;
4—受液盘;5—降液管

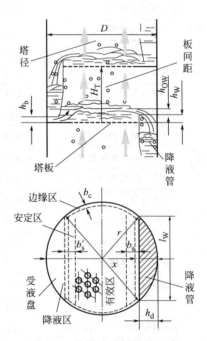

图1-9　单溢流塔板结构示意

D—塔径;H_T—板间距;h_W—出口堰高度;
h_{OW}—板上液层高度;h_b—降液管底隙高度;
h_d—降液管宽度;l_W—降液管长度;
b_s—安定区宽度;b_c—边缘区宽度;
r—有效区半径;x—有效区宽度

有效区:又称鼓泡区,即开设板孔的区域,是汽液充分接触,进行传质传热的区域;

溢流区:又称降液区,降液管所占的区域,液体由此区域降到下一块塔板上;

安定区:又称破沫区,在有效区和溢流区之间不开孔的区域,防止开孔后气体不能及时释放而被液体带入降液管回下一块板上,而使分离效率下降;

边缘区:又称无效区,靠近塔壁的一圈边缘区域供支承塔板的边梁之用所占的区域。

2.塔板的类型

(1)按照塔板上汽液接触元件不同,可分为多种型式,典型塔板见表1-5。

表 1-5 常见塔板的结构特点

分类	结 构
泡罩塔板	每层塔板上开有圆形孔,孔上焊有若干短管作为升气管。升气管高出液面,故板上液体不会从中漏下。升气管上盖有泡罩,泡罩分圆形和条形两种,多数选用圆形泡罩,其尺寸一般为 ϕ80mm、ϕ100mm、ϕ150mm 三种直径,其下部周边开有许多齿缝,如图 1-10 所示
筛板	在塔板上开有许多均匀分布的筛孔,其结构如图 1-11 所示,筛孔在塔板上作正三角形排列,孔径一般为 3～8mm,孔心距与孔径之比常在 2.5～4.0 范围内
浮阀塔板	阀片可随气速变化而升降。阀片上装有限位的三条腿,插入阀孔后将阀腿底脚旋转 90°,限制操作时阀片在板上升起至最大高度,使阀片不被气体吹走。阀片周边冲出几个略向下弯的定距片。浮阀的类型很多,常用的有 F1 型、V-4 型及 T 型等,如图 1-12 所示
舌形塔板	在塔板上开出许多舌形孔,向塔板液流出口处张开,张角 20°左右。舌片与板面成一定的角度,按一定规律排布,塔板出口不设溢流堰,降液面积也比一般塔板大些,如图 1-13 所示
浮舌塔板	将固定舌片用可上下浮动的舌片替代,结构如图 1-14 所示

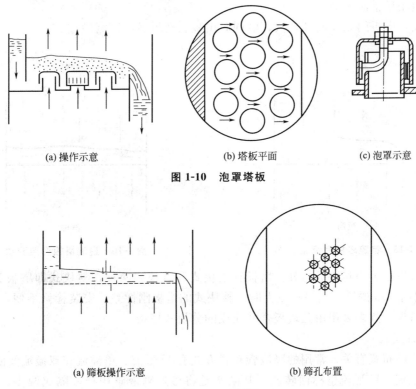

(a) 操作示意　　　　　　(b) 塔板平面　　　　　　(c) 泡罩示意

图 1-10　泡罩塔板

(a) 筛板操作示意　　　　　　　　　(b) 筛孔布置

图 1-11　筛板

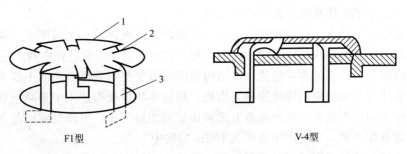

F1型　　　　　　　　　　　　　V-4型

图 1-12　浮阀型式

1—浮阀片;2—凸缘;3—浮阀"腿"

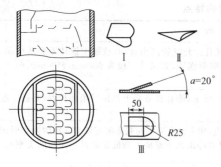

图1-13　舌形塔板

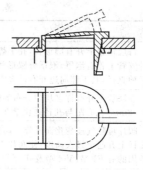

图1-14　浮舌塔板

（2）按有无降液管划分，塔板有错流（如图1-15所示）、逆流（如图1-16所示）两种。

错流塔板：塔板间设有降液管。液体横向流过塔板，气体经过塔板上的孔道上升，在塔板上汽、液两相呈错流接触。

逆流塔板：塔板间无降液管，汽、液同时由板上孔道逆向穿流而过。

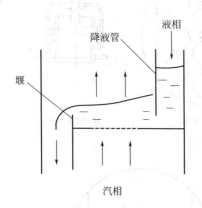

图1-15　错流塔板汽液流动

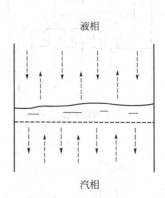

图1-16　逆流塔板汽液流动

（3）按塔板是否为整块板划分，塔板有整块式和分块式两种，整块式即塔板为一整块，多用于直径小于1m的塔。当塔径较大时，整块式的塔板刚性差，安装检修不便，为便于通过人孔装拆塔板，故多采用由几块板合并而成的分块式塔板。

3. 溢流方式

与降液管的布置有关。常用的降液管布置方式有U形流、单溢流、双溢流及阶梯流等。

（1）U形流　U形流也称回转流，其结构是将弓形降液管用挡板隔成两半，一半作受液盘，另一半作降液管，降液和受液装置安排在同一侧。此种溢流方式液体流径长，可以提高板效率，只适用于小塔及液体流量小的场合。

（2）单溢流　单溢流又称直径流，液体自受液盘横向流过塔板至溢流堰，这种方式液体流径长、塔板效率高、塔板结构简单、加工方便，在小于2.2m的塔径中被广泛采用。

（3）双溢流　双溢流又称半径流，其结构是降液管交替设在塔截面的中部和两侧，来自上层塔板的液体分别从两侧的降液管进入塔板，横过半块塔板而进入中部降液管，到下层塔板则液体由中央向两侧流动。这种溢流方式液体流动的路程短，可降低液面落差，但塔板结构复杂、板面利用率低，一般用于直径大于2m的塔中。

（4）阶梯流　阶梯式双溢流的塔板，每一阶梯均有溢流。这种方式可在不缩短液体流径的情况下减少液面落差，结构最为复杂，只适用于塔径很大、液体流量很大的特殊场合。

二、精馏塔内汽液的流动状态

正常操作时，塔内液体依靠重力作用，由上层塔板的降液管流到下层塔板的受液盘，然后横向流过塔板，从另一侧的降液管流至下一层塔板。溢流堰的作用是使塔板上保持一定厚度的液层。气体则在压力差的推动下，自下而上穿过各层塔板的气体通道（泡罩、筛孔或浮阀等），分散成小股气流，鼓泡通过各层塔板的液层。在塔板上，汽液两相密切接触，进行热量和质量的交换。在板式塔中，汽液两相逐级接触，两相的组成沿塔高呈阶梯式变化，在正常操作下，液相为连续相，汽相为分散相。

汽液两相的传热和传质效果与其在塔板上的流动状况密切相关，板式塔内汽液两相的流动状况即为板式塔的流体力学性能。

塔板上汽液两相的接触状态是决定板上两相流体力学及传质和传热规律的重要因素。当液体流量一定时，随着气速的增加，可以出现四种不同的接触状态。

1. 鼓泡接触状态

当气速较低时，气体以鼓泡形式通过液层。由于气泡的数量不多，形成的汽液混合物基本上以液体为主，汽液两相接触的表面积不大，传质效率很低。

2. 蜂窝状接触状态

随着气速的增加，气泡的数量不断增加。当气泡的形成速率大于气泡的浮升速率时，气泡在液层中累积。气泡之间相互碰撞，形成各种多面体的大气泡，板上为以气体为主的汽液混合物。由于气泡不易破裂，表面得不到更新，所以此种状态不利于传热和传质。

3. 泡沫接触状态

当气速继续增加，气泡数量急剧增加，气泡不断发生碰撞和破裂，此时板上液体大部分以液膜的形式存在于气泡之间，形成一些直径较小、扰动十分剧烈的动态泡沫，在板上只能看到较薄的一层液体。由于泡沫接触状态的表面积大，并不断更新，为两相传热与传质提供了良好的条件，是一种较好的接触状态。

4. 喷射接触状态

当气速继续增加，由于气体动能很大，把板上的液体向上喷成大小不等的液滴，直径较大的液滴受重力作用又落回到板上，直径较小的液滴被气体带走，形成液沫夹带。此时塔板上的气体为连续相，液体为分散相，两相传质的面积是液滴的外表面。由于液滴回到塔板上又被分散，这种液滴的反复形成和聚集，使传质面积大大增加，而且表面不断更新，有利于传质与传热进行，也是一种较好的接触状态。

三、塔内的理想流动与非理想流动

1. 塔内的理想流动

正常操作时，塔内汽液两相的理想流动方式为总体逆流，每块板上错流。液体依靠重力作用，由上层塔板的降液管流到下层塔板的受液盘，然后横向流过塔板，从另一侧的降液管流至下一层塔板；气体则在压力差的推动下，自下而上穿过各层塔板的气体通道（泡罩、筛孔或浮阀等），分散成小股气流，鼓泡通过各层塔板的液层。在塔板上，汽液两相密切接触，进行热量和质量的交换。在板式塔中，汽液两相逐级接触，两相的组成沿塔高呈阶梯式变化。

2. 塔内的非理想流动

（1）漏液　当气体通过塔板的速率较小时，气体通过升气孔道的动压不足以阻止板上液体经孔道流下时，便会出现漏液现象。漏液的发生导致汽液两相在塔板上的接触时间减少，塔板效率下降，严重时会使塔板不能积液而无法正常操作。通常，为保证塔的正常操作，漏液量应不大于液体流量的10%。漏液量达到10%的气体速率称为漏液速率，它是板式塔操作气速的下限。

造成漏液的主要原因是气速太小和板面上液面落差所引起的气流分布不均匀。在塔板液体入口处，液层较厚，往往出现漏液，为此在塔板液体入口处留出一条不开孔的安定区，也会防止漏液。

(2) 液沫夹带　上升气流穿过塔板上液层时，必然将部分液体分散成微小液滴，气体夹带着这些液滴在板间的空间上升，如液滴来不及沉降分离，则将随气体进入上层塔板，这种现象称为液沫夹带。液滴的生成虽然可增大汽液两相的接触面积，有利于传质和传热，但过量的液沫夹带常造成液相在塔板间的返混，进而导致板效率严重下降。为维持正常操作，需将液沫夹带限制在一定范围，一般允许的液沫夹带量 $e_V <$ 0.1kg（液）/kg（汽）。

影响液沫夹带量的因素很多，最主要的是空塔气速和塔板间距。空塔气速减小及塔板间距增大，可使液沫夹带量减小。

(3) 液泛　塔板正常操作时，在板上维持一定厚度的液层，以和气体进行接触传质。如果由于某种原因，导致液体充满塔板之间的空间，使塔的正常操作受到破坏，这种现象称为液泛。

当塔板上气体流量很大，上升气体的速率很高时，液体被气体夹带到上一层塔板上的量剧增，使塔板间充满汽液混合物，最终使整个塔内都充满液体，这种由于液沫夹带量过大引起的液泛称为夹带液泛；当液体流量过大时，降液管内液体不能顺利向下流动，管内液体必然积累，致使管内液位增高而越过溢流堰顶部，两板间液体相连，塔板产生积液，并依次上升，最终导致塔内充满液体，这种由于降液管内充满液体而引起的液泛称为降液管液泛或溢流液泛。

液泛时的气速称为泛点气速，正常操作气速应控制在泛点气速之下。影响液泛的因素除汽液流量外，还与塔板的结构，特别是塔板间距等参数有关，设计中采用较大的板间距，可提高泛点气速。

任务三　精馏塔开车仿真操作

仿真操作是培养现代化连续生产装置操作人员必不可少的训练途径，具有安全、高效、成本低的特点，是强化操作工实际操作技能的辅助手段。

【任务介绍】

本任务是利用精馏塔仿真操作软件，训练精馏塔冷态开车操作。具体目标如下。

知识目标：

(1) 掌握精馏物料衡算；

(2) 熟悉精馏热量衡算方法；

(3) 掌握精馏开车一般原则。

技能目标：

(1) 会用物料平衡、热量平衡知识分析二者对操作的影响；

(2) 能正确进行精馏塔开车操作。

素质目标：

培养知识应用能力、分析问题能力、自学能力、遵守纪律意识等。

【任务分析】

精馏塔的冷态开车操作安全平稳与否、用时多少、费用高低等，都是衡量操作技能好坏的重要指标，而要使操作达到最佳状态，除反复训练、熟能生巧以外，还需有相关理论知识做指导，否则不仅事倍功半，甚至出现安全事故。

【任务实施】

一、熟悉工艺过程

本仿真操作工艺流程图见图 1-17。67.8℃ 的原料液经流量调节器 FIC101 控制流量（14056kg/h）后，从精馏塔 DA405 的第 16 块塔板（全塔共 32 块塔板）进料。塔顶蒸汽经全凝器 EA419 冷凝为液体后进入回流罐 FA408；回流罐 FA408 的液体由泵 GA412A/B 抽出，一部分作为回流液由调节器 FC104 控制流量（9664kg/h^2）送回 DA405 第 32 层塔板；另一部分则作为产品，其流量由调节器 FC103 控制（6707kg/h）。回流罐的液位由调节器 LC103 与 FC103 构成的串级控制回路控制。DA405 操作压力由调节器 PC102 分程控制为 5.0kgf/m^2（1kgf＝9.8N），其分程动作如图 1-18 所示。同时调节器 PC101 将调节回流罐的汽相出料，保证系统的安全和稳定。

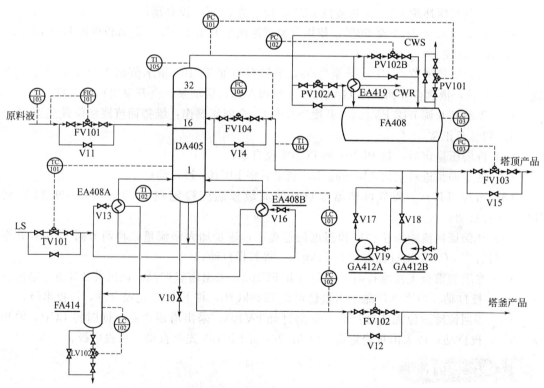

图 1-17　乙烯装置中丁烷脱除工艺流程

塔釜液体的一部分经再沸器 EA408A/B 回精馏塔，另一部分由调节器 FC102 控制流量（7349kg/h），作为塔底采出产品。调节器 LC101 和 FC102 构成串级控制回路，调节精馏塔的液位。再沸器用低压蒸汽加热，加热蒸汽流量由调节器 TC101 控制，其冷凝液送 FA414。

FA414 的液位由调节器 LC102 调节。

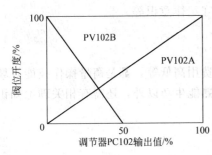

图 1-18　调节阀 PV102
分程动作示意

二、冷态开车操作

装置冷态开工状态为精馏塔单元处于常温、常压、氮气吹扫完毕的氮封状态，所有阀门、机泵处于关停状态、所有调节器置于手动状态。

1. 进料及排放不凝气

（1）打开 PV101（开度＞5％）排放塔内不凝气；

（2）打开 FV101（开度＞40％），向精馏塔进料；

（3）进料后，塔内温度略升、压力升高；当压力升高至 0.5atm❶（表）时，关闭 PC101 调节阀并投自动，控制塔压不超过 4.25atm（如果塔内压力大幅波动，改回手动调节稳定压力）。

（4）控制塔顶压力大于 1.0atm（表），不超过 4.25atm（表）。

2. 启动再沸器

（1）待塔顶压力 PC101 升至 0.5atm（表），逐渐打开冷凝水调节阀 PV102A（至开度为 50％）；

（2）待塔釜液位 LIC101 升至 20％以上，全开加热蒸汽入口阀 V13，手动缓开调节阀 TV101，给再沸器缓慢加热；

（3）将蒸汽缓冲罐 FA414 的液位 LC102 设定为 50％，投自动；

（4）逐渐开大 TV101 至 50％，使塔釜温度逐渐上升至 100℃，灵敏板温度升至 75℃。

3. 建立回流

（1）待回流罐液位 LIC103 升至 20％，灵敏板温度 TC101 指示值高于 75℃，塔釜温度高于 100℃后，依次全开回流泵 GA412A 入口阀 V19，启动泵，全开泵出口阀 V17；

（2）手动打开调节阀 FV104（开度＞40％），全回流操作：维持回流罐液位升至 40％。

4. 调整至正常

（1）待塔压稳定后，将 PC101 和 PC102 投自动；

（2）逐步调整进料量为 14056kg/h，稳定后将 FIC101 投自动；

（3）通过 TIC101 调节再沸器加热量使灵敏板温度稳定在 89.3℃，在 109.3℃，将 TIC101 投自动；

（4）在保证回流罐液位和塔顶温度的前提下，逐步加大回流量，将调节阀 FV104 开至 50％，最后当 FC104 流量稳定在 9664kg/h，将其投自动；

（5）当塔釜液位无法维持时，逐渐打开 FC102，采出塔釜产品；同时将 LIC101 输出设为 50％，投自动：当塔釜产品采出量稳定在 7349kg/h，将 FC102 先投自动，再投串级；

（6）当回流罐液位无法维持时，逐渐打开 FV103，采出塔顶产品；同时将 LC103 输出为 50％，投自动；待采出量稳定在 6707kg/h，将 FIC103 先投自动，再投串级。

【考核评价】

考核方式：仿真操作。

考核标准：由仿真操作软件自带，考核与操作同步，操作步骤和操作质量同时考核（详见操作软件）。

---

❶ 1atm＝101325Pa。

【知识链接】

一、影响精馏稳定操作的主要因素

对于现有的精馏装置和特定的物系，精馏操作的基本要求是使设备具有尽可能大的生产能力，达到预期的分离效果，操作费用最低。影响精馏装置稳态、高效操作的主要因素包括操作压力，进料组成和热状况，塔顶回流，全塔的物料平衡和稳定，冷凝器和再沸器的传热性能，设备散热情况等。以下就其主要影响因素予以简要分析。

1. 操作压力的影响

塔的压力是精馏塔主要的控制指标之一。由图 1-2 可以看出，操作压力不同，汽液平衡组成不同，塔压波动过大，就会破坏全塔的汽液平衡和物料平衡，使产品达不到所要求的质量。

在精馏操作中，塔压为恒定值最为理想，但不易做到，尤其在开车操作时更难控制，一般控制在规定的操作压力调节范围即可。

提高操作压力，可以相应地提高塔的生产能力。由图 1-19 可以看出，如果从塔顶得到产品，则可提高产品的质量和易挥发组分的浓度。但在塔釜难挥发产品中，易挥发组分含量增加。

影响塔压变化的因素是多方面的，例如：塔顶温度、塔釜温度、进料组成、进料流量、回流量、冷剂量、冷剂压力等的变化以及仪表故障、设备和管道的冻堵等，都可以引起塔压的变化。例如真空精馏的真空系统出了故障、塔顶冷凝器的冷却剂突然停止等都会引起塔压的升高。

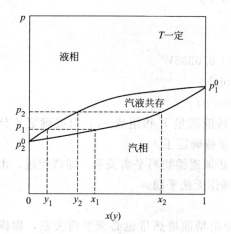

图 1-19　苯-甲苯的 p-$x(y)$ 图

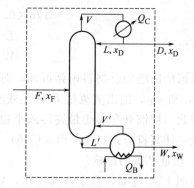

图 1-20　全塔物料衡算

2. 物料平衡的影响

如图 1-20 所示，稳定连续操作，进出精馏塔物料必须平衡，即有式(1-5)、式(1-6)成立，否则，操作将不稳定。

总物料衡算：

$$F = D + W \tag{1-5}$$

易挥发组分衡算：

$$F x_F = D x_D + W x_W \tag{1-6}$$

式中　F、D、W——原料、塔顶产品和塔底产品的流量，kmol/h；

　　　x_F、x_D、x_W——原料、塔顶产品和塔底产品中易挥发组分的摩尔分数。

式(1-5)、式(1-6) 称为全塔物料衡算式。

【例 1-1】 每小时将 15000kg,含苯 40% 和含甲苯 60% 的溶液,在连续精馏塔中进行分离,要求将混合液分离为含苯 97% 的馏出液和釜残液中含苯不高于 2%(以上均为质量百分数)。操作压力为 101.3kPa。试求馏出液及釜残液的流量及组成,以千摩尔流量及摩尔分数表示。

解 将质量百分数换算成物质的量分数

$$x_F = \frac{\frac{0.4}{78}}{\frac{0.4}{78} + \frac{0.6}{92}} = 0.44$$

$$x_W = \frac{\frac{0.02}{78}}{\frac{0.02}{78} + \frac{0.98}{92}} = 0.0235$$

$$x_D = \frac{\frac{0.97}{78}}{\frac{0.97}{78} + \frac{0.03}{92}} = 0.974$$

原料液平均物质的量质量 $M_{mF} = 0.44 \times 78 + 0.56 \times 92 = 85.8$ (kmol/h)

原料液的物质的量流量 $F = \frac{15000}{85.8} = 175$ (kmol/h)

由全塔物料衡算式

$$\begin{cases} F = D + W \\ FX_F = DX_D + WX_W \end{cases}$$

代入数据

$$\begin{cases} 175 = D + W \\ 175 \times 0.44 = 0.974D + 0.0235W \end{cases}$$

解出

$$\begin{cases} D = 76.7 \text{ (kmol/h)} \\ W = 98.3 \text{ (kmol/h)} \end{cases}$$

根据精馏塔的总物料衡算可知,对于一定的原料液流量 F 和组成 x_F,只要确定了分离程度 x_D 和 x_W,馏出液流量 D 和釜残液流量 W 也就被确定了。

因此,精馏开车要想最终转入平稳操作状态,必须遵循物料平衡关系,即调控进、出塔物料量,使其符合式(1-5)和式(1-6)关系。否则操作无法平稳。

3. 热量平衡的影响

由图 1-20 可知,稳定连续操作,物料带进、带出精馏塔热量也必须平衡关系,即满足式(1-7)关系。

$$Q_B + Q_F + Q_L = Q_V + Q_W + Q_i \tag{1-7}$$

式中 Q_B——再沸器加热剂带入的热量;

       Q_F——进料带入热量;

       Q_W——塔底产品带出热量;

       Q_i——散失于环境的热量;

       Q_V——塔顶出塔气体带出的热量;

       Q_L——塔顶回流液体带入的热量。

因此,塔底再沸器带入的热量、塔顶冷凝移出的热量必须满足工艺要求,当操作达到平稳时，再沸器所需加热剂量、冷凝器所需冷却剂量也可确定下来。

4. 再沸器的热介质的消耗量

若对精馏塔作热量衡算，可以用式(1-8) 计算再沸器热负荷

$$Q_B = Q_C + Q_D + Q_W + Q_L - Q_F = Q_V - Q_L + Q_W + Q_i - Q_F \tag{1-8}$$

若已知再沸器进、出物料量及状态，可对图 1-20 所示的再沸器作热量衡算，以单位时间为基准，则

$$Q_B = V' I_{VW} + W I_{LW} - L' I_{Lm} + Q_L \tag{1-9}$$

式中　Q_B——再沸器的热负荷，kJ/h；

　　　Q_L——再沸器的热损失，kJ/h；

　　　I_{VW}——再沸器中上升蒸汽的焓，kJ/kmol；

　　　I_{LW}——釜残液的焓，kJ/kmol；

　　　I_{Lm}——提馏段底层塔板下降液体的焓，kJ/kmol。

若取 $I_{LW} \approx I_{Lm}$，且因 $V' = L' - W$，则

$$Q_B = V'(I_{VW} - I_{LW}) + Q_L \tag{1-10}$$

加热介质消耗量可用下式计算

$$W_h = \frac{Q_B}{I_{B_1} - I_{B_2}} \tag{1-11}$$

式中　W_h——加热介质消耗量，kg/h；

　I_{B_1}、I_{B_2}——加热介质进出再沸器的焓，kJ/kg。

若用饱和蒸汽加热，且冷凝液在饱和温度下排出，则加热蒸汽消耗量可按下式计算

$$W_h = \frac{Q_B}{r} \tag{1-12}$$

式中　r——加热蒸汽的汽化热，kJ/kg。

5. 冷凝器的冷介质的消耗量

若精馏塔的冷凝器为全凝器。对图 1-20 所示的全凝器作热量衡算，以单位时间为基准，并忽略热损失，则

$$Q_C = V I_{VD} - (L I_{LD} + D I_{LD}) \tag{1-13}$$

因 $V = L + D = (R+1)D$，代入上式并整理得

$$Q_C = (R+1) D (I_{VD} - I_{LD}) \tag{1-14}$$

式中　Q_C——全凝器的热负荷，kJ/h；

　　　I_{VD}——塔顶上升蒸汽的焓，kJ/kmol；

　　　I_{LD}——塔顶馏出液的焓，kJ/kmol。

冷却介质可按下式计算

$$W_C = \frac{Q_C}{C_{pc}(t_2 - t_1)} \tag{1-15}$$

式中　W_C——冷却介质消耗量，kg/h；

　　　C_{pc}——冷却介质的比热容，kJ/(kg·℃)；

　t_1、t_2——分别为冷却介质在冷凝器的进、出口处的温度，℃。

由式(1-12)、式(1-15) 也可看出，若热介质或冷介质的量发生改变，也会影响塔内换热效果，进而影响操作的稳定性。

二、精馏塔开车一般原则

① 进料要求平稳，塔釜见液面后，按其升温速率缓慢升温至工艺指标。随着塔压力的

升高，逐渐排除设备内的惰性气体，并逐渐加大塔顶冷凝器的冷剂量，当回流液槽的液面达1/2以上时，开始打回流。当釜液面达2/3时，可根据釜温的情况，决定是否采出釜液或减少以致停止塔的进料量，但是一定要保持塔釜液面在1/2~2/3处。操作平稳后，应进行物料分析，对不合格的物料可进行少量地采出或全回流操作，待分析合格后，转入连续生产。

② 空塔加料时，由于没有回流液体，精馏段的塔板上是处于干板操作的状态。由于没有汽液接触，汽相中的难挥发组分容易被直接带入精馏段。如果升温速率过快，则难挥发组分会大量地被带到精馏段，而不易为易挥发组分所置换，塔顶产品的质量不易达到合格，造成开车时间长。当塔顶有了回流液，塔板上建立了液体层后，升温速率可适当的提高。减压精馏塔的升温速率，对于开车成功与否的影响，将更为显著。例如，对苯酚的减压精馏，已有经验证明，升温速率一般应维持在塔内上升蒸汽的速率为 1.5~3m/s，每块塔板的阻力为 1~3mmHg（1mmHg≈133.3Pa）。如果升温速率太快，则顶部尾气的排出量太大，真空设备的负荷增大，在真空泵最大负荷的限制下，可能使塔内的真空度下降，开车不易成功。

③ 开车时，对阀门、仪表的调节一定要勤调、慢调，合理使用。

④ 发现有不正常现象应及时分析原因，果断进行处理。

任务四　精馏塔的平稳调控仿真操作

【任务介绍】

在产品质量能得到保证的前提下，对液位、流量、温度、压力等工艺参数进行调控，使之达到最佳值，装置运行平稳、经济。具体目标如下。

知识目标：

(1) 理解影响精馏平稳运行的因素；

(2) 理解精馏平稳操作的一般原则。

技能目标：

会运用影响相关知识指导精馏操作，有效控制精馏塔平稳运行。

素质目标：

培养知识应用能力、分析能力、自学能力等。

【任务分析】

装置平稳、高效、安全运行，是操作人员对装置操控的最终目标。精馏操作过程复杂，影响因素多。除前面冷态开车涉及的影响因素外，还有以下主要因素：回流比、进料热状况、塔釜温度等，而且操作过程中这些因素相互关联、相互影响。在深入理解了影响的本质和规律基础上，进行调控操作，即可达到实现装置平稳、高效和安全运行。

【任务实施】

一、熟记正常工况下的工艺参数

① 进料流量 FIC101 设为自动，设定值为 14056kg/h。

② 塔釜采出量 FC102 设为串级，设定值为 7349kg/h，LC101 设自动，设定值为 50%。

③ 塔顶采出量 FC103 设为串级，设定值为 6707kg/h。

④ 塔顶回流量 FC104 设为自动，设定值为 9664kg/h。

⑤ 塔顶压力 PC102 设为自动，设定值为 4.25atm，PC101 设自动，设定值为 5.0atm。

⑥ 灵敏板温度 TC101 设为自动，设定值为 89.3℃。

⑦ FA-414 液位 LC102 设为自动，设定值为 50％。

⑧ 回流罐液位 LC103 设为自动，设定值为 50％。

二、主要工艺生产指标的调整方法

1. 质量调节

本系统的质量调节采用以提馏段灵敏板温度作为主参数，以再沸器和加热蒸汽流量的调节系统，以实现对塔的分离质量控制。

2. 压力控制

在正常的压力情况下，由塔顶冷凝器的冷却水量来调节压力，当压力高于操作压力 4.25atm（表压）时，压力报警系统发出报警信号，同时调节器 PC101 将调节回流罐的汽相出料，为了保持同汽相出料的相对平衡，该系统采用压力分程调节。

3. 液位调节

塔釜液位由调节塔釜的产品采出量来维持恒定。设有高低液位报警。回流罐液位由调节塔顶产品采出量来维持恒定。设有高低液位报警。

4. 流量调节

进料量和回流量都采用单回路的流量控制；再沸器加热介质流量，由灵敏板温度调节。

【考核评价】

考核方式：仿真操作。

考核标准：由仿真操作软件自带，考核与操作同步，操作步骤和操作质量同时考核（详见操作软件）。

【知识链接】

一、影响精馏塔的平稳运行的主要因素

（一）塔顶回流的影响

塔顶回流量与馏出液量的比值为回流比，用 R 表示，即 $R = \dfrac{L}{D}$。

1. 适宜回流比的确定

回流是保证精馏塔连续定态操作的基本条件，因此回流比是精馏过程的重要参数，它的大小影响精馏的投资费用和操作费用。对一定的料液和分离要求，如回流比增大，精馏段操作线的斜率增大，截距减小，精馏段操作线向对角线靠近，提馏段操作线也向对角线靠近，相平衡线与操作线之间的距离增大，从 x_D 到 x_W 作阶梯时，每个阶梯的水平距离与垂直距离都增大，即每一块板的分离程度增大，分离所需的理论塔板数减少，塔设备费用减少；但回流比增大使塔内汽、液相量及操作费用提高。反过来，对于一个固定的精馏塔，增加回流比，每一块板的分离程度增大，提高了产品质量。因此，在精馏塔的设计中，对于一定的分离任务而言，应选定适宜的回流比。

回流比有两个极限，上限为全回流时的回流比，下限为最小回流比。适宜的回流比介于

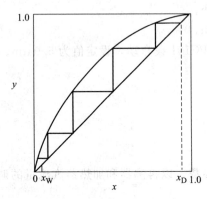

图 1-21 全回流时的最少理论板数

两极限之间。

(1) 全回流与最少理论塔板数 塔顶上升蒸汽经冷凝后全部流回塔内，这种回流方式称为全回流。

全回流时回流比 $R \rightarrow \infty$，塔顶产品量 D 为零，通常进料量 F 及塔釜产品量 W 均为零，即既不向塔内进料，也不从塔内取出产品。此时生产能力为零。

全回流时全塔无精馏、提馏段之分，操作线方程 $y = x$，操作线与对角线重合。

此时，操作线离平衡线的距离最远，完成一定的分离任务所需的理论塔板数最少，称为最少理论板数，记作 N_{min}，如图 1-21 所示。

最小理论板数 N_{min} 也可采用芬斯克方程计算

$$N_{min} = \frac{\lg\left(\frac{x_D}{1-x_D} \times \frac{1-x_W}{x_W}\right)}{\lg\alpha_m} - 1 \tag{1-16}$$

式中 N_{min}——全回流时的最小理论板数，不包括再沸器；

  α_m——全塔平均相对挥发度，一般可取塔顶、塔底或塔顶、塔底、进料的几何平均值。

全回流在实际生产中没有意义，但在装置开工、调试、操作过程异常或实验研究中多采用全回流。

(2) 最小回流比 精馏过程中，当回流比逐渐减小时，精馏段操作线的斜率减小、截距增大，精馏、提馏段操作线皆向相平衡线靠近，操作线与相平衡线之间的距离减小，汽液两相间的传质推动力减小，达到一定分离要求所需的理论塔板数增多。当回流比减小至两操作线的交点落在相平衡线上时，交点处的汽液两相已达平衡，传质推动力为零，图解时无论绘多少阶梯都不能跨过点 d，则达到一定分离要求所需的理论塔板数为无穷多，此时的回流比称为最小回流比，记作 R_{min}，如图 1-22 所示。

在最小回流比下，两操作线与平衡线的交点称为夹紧点，其附近（通常在加料板附近）各板之间汽、液相组成基本上没有变化，即无增浓作用，称为恒浓区。

最小回流比可用图解法或解析法求得。

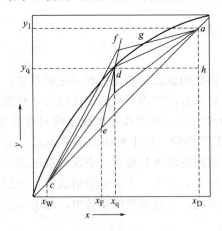

图 1-22 最小回流比的确定

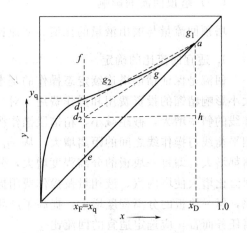

图 1-23 平衡曲线下凹时 R_{min} 的确定

当回流比为最小时精馏段操作线的斜率为

$$\frac{R_{min}}{R_{min}+1}=\frac{ah}{dh}=\frac{y_1-y_q}{x_D-x_q}=\frac{x_D-y_q}{x_D-x_q}$$

整理得

$$R_{min}=\frac{x_D-y_q}{y_q-x_q} \tag{1-17}$$

式中 x_q、y_q——相平衡线与进料线交点坐标（互为平衡关系）。

若如图 1-23 所示的乙醇-水物系的平衡曲线，具有下凹的部分，当操作线与 q 线的交点尚未落到平衡线上之前，操作线已与平衡线相切，如图中点 g 所示。点 g 附近已出现恒浓区，相应的回流比便是最小回流比。对于这种情况下的 R_{min} 的求法是由点（x_D、x_D）向平衡线作切线，再由切线的截距或斜率求之。如图所示情况，可按下式计算：

$$\frac{R_{min}}{R_{min}+1}=\frac{ah}{d_2h} \tag{1-18}$$

应予指出，最小回流比 R_{min} 的值对于一定的原料液与规定的分离程度（x_D、x_W）有关，同时还和物系的相平衡性质有关。

（3）适宜回流比的确定 实际操作回流比要大于最小回流比，其适宜值应根据经济核算，即通过满足分离所需设备费用和操作费用确定。设备费是指精馏塔、再沸器、冷凝器等设备的投资费，此项费用主要取决于设备的尺寸；操作费主要取决于塔底再沸器加热剂用量及塔顶冷凝器中冷却剂的用量。

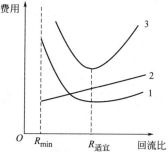

图 1-24 适宜回流比的确定

回流比与设备费及操作费用的关系如图 1-24 所示。当回流比增大时，所需塔板数急剧减少、设备费减少，但回流液量和上升蒸汽量增加，操作费增大；当回流比增大至某一值时，由于塔径增大，再沸器和冷凝器的传热面积也要增加，设备费又上升，总费用为设备费及操作费之和。总费用中的最低值所对应的回流比为适宜回流比，即实际生产中的操作回流比。

通过经验数据归纳，通常情况下，适宜回流比为最小回流比的 1.1～2.0 倍，即

$$R=(1.1\sim2)R_{min}$$

特殊情况，R 与 R_{min} 的关系要适当调整，如对于难分离体系，应采用较大的回流比，以降低塔高并保证产品的纯度；对于易分离体系，可采用较小的回流比，以减少加热蒸汽消耗量，降低操作费用。

2. 回流比的影响

回流比是影响精馏塔分离效果的主要因素，生产中经常用回流比来调节、控制产品的质量。例如当回流比增大时，精馏产品质量提高；反之，当回流比减小时，x_D 减小而 x_W 增大，使分离效果变差。

回流比增加，使塔内上升蒸汽量及下降液体量均增加，若塔内汽液负荷超过允许值，则可能引起塔板效率下降，此时应减小原料液流量。

（二）进料热状况的影响

1. 精馏塔的进料热状况

在生产中，加入精馏塔中的原料可能有以下五种热状态：

① 冷液体进料 $t>t_{泡}$。

② 饱和液体进料 $t=t_{泡}$。

③ 汽液混合物进料 $t_{泡}<t<t_{露}$。

④ 饱和蒸汽进料 $t=t_{露}$。

⑤ 过热蒸汽进料 $t>t_{露}$。

2. 进料热状况对进料板物流的影响

精馏塔内，由于原料的热状态不同，从而使精馏段和提馏段的液体流量 L 与 L' 间的关系以及上升蒸汽量 V 与 V' 均发生变化。进料热状况对两段汽液流量变化的影响如图 1-25 所示。

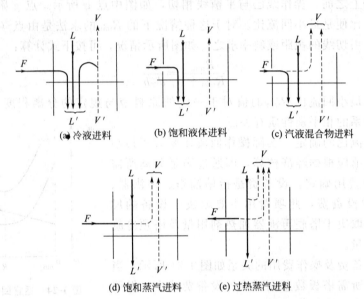

(a) 冷液进料　　(b) 饱和液体进料　　(c) 汽液混合物进料

(d) 饱和蒸汽进料　　(e) 过热蒸汽进料

图 1-25　进料热状况对进料板上、下各流股的影响

3. 进料热状态参数

对加料板进行物料衡算及热量衡算可得

物料衡算：$F+V'+L=V+L'$

热量衡算：$FI_F+VI_V+LI_L=VI'_V+L'I'_L$

式中 I_F——原料液焓，kJ/kmol；

I_V、I'_V——加料板上、下的饱和蒸汽焓，kJ/kmol；

I_L、I'_L——加料板上、下的饱和液体焓，kJ/kmol。

由于加料板上下板温度及汽液相组成都很相近，所以近似取

$$I_V=I'_V, \quad I_L=I'_L$$

整理得

$$\frac{I_V-I_F}{I_V-I_L}=\frac{L'-L}{F} \tag{1-19}$$

令：

$$q=\frac{I_V-I_F}{I_V-I_L}=\frac{1\,kmol\,进料变为饱和蒸汽所需的热量}{原料的千摩尔汽化潜热}$$

q 称为进料热状况参数。q 值的意义为：每进料 1kmol/h 时，提馏段中的液体流量较精馏段中增大的值（kmol/h）。对于泡点、露点、混合进料，q 值相当于进料中饱和液相所占的分数。

根据 q 的定义，不同进料时的 q 值如下：

① 冷液 $q>1$；

② 饱和液体 $q=1$；

③ 汽液混合物 $0<q<1$；

④ 饱和汽体 $q=0$；

⑤ 过热汽体 $q<0$。

对于各种进料状态，由式（1-19）可知

$$L'=L+qF \tag{1-20}$$
$$V=V'+(1-q)F \tag{1-21}$$

4. 进料状况的影响

当进料状况（x_F 和 q）发生变化时，应适当改变进料位置，并及时调节回流比 R。一般精馏塔常设几个进料位置，以适应生产中进料状况，保证在精馏塔的适宜位置进料。如进料状况改变而进料位置不变，必然引起馏出液和釜残液组成的变化。

（三）塔釜温度的影响

在一定操作压力下，对于具体物系，依据 t-$x(y)$ 图可知，若塔顶馏出液组成（即产品质量）x_D 一定时，对应的塔顶温度 t_D 也是一个定值，只要控制塔顶温度不高于 t_D，则馏出液组成就不低于 x_D。由于通常情况下，塔顶温度虽然随组成变化而变化，但变化不显著，即塔顶组成有明显改变时，塔顶温度变化很小，不易观察。实际操作中，一般采取控制灵敏板（组成发生变化时，温度变化最显著的那块塔板）温度或塔釜温度来间接控制塔顶温度，即间接控制塔顶组成。

釜温主要是由加热量、被加热的塔釜物料量决定的，釜压和物料组成对塔釜温度也有影响。精馏过程中，只有保持规定的釜温，才能确保产品质量。因此釜温是精馏操作中重要的控制指标之一。

提高塔釜温度时，则使塔内液相中易挥发组分减少，同时，并使上升蒸汽的速率增大，有利于提高传质效率。如果由塔顶得到产品，则塔釜排出难挥发物中，易挥发组分减少，损失减少；如果塔釜排出物为产品，则可提高产品质量，但塔顶排出的易挥发组分中夹带的难挥发组分增多，从而增大损失。因此，在提高温度的时候，既要考虑到产品的质量，又要考虑到工艺损失。一般情况下，操作习惯于用温度来提高产品质量，降低工艺损失。

二、平稳操作原则

密切注意各工艺参数的变化情况，维持各工艺参数稳定；发现突发事故时，应先分析事故原因，并做及时正确的处理。

进料以后最重要的是控制好塔压力，塔压力决定了塔顶温度和塔釜温度，也就是说每一个塔压力值决定一组与此对应的其他参数，把这些参数都调到位了，精馏塔就正常了。如果塔压力不稳定，所有操作参数都跟着波动，难以稳定；而且其他参数的波动反过来又引起塔压力的波动，形成恶性循环，更难稳定运行。塔压力稳定了就可以将它投自动，冷剂量和气体排出量可自动控制了。

任务五 精馏塔停车与故障处理仿真操作

【任务介绍】

完成精馏塔的正常停车操作；正确处理精馏塔操作常见的故障。具体目标如下。

知识目标：

(1) 理解停车一般原则。理解影响精馏平稳运行的因素；

(2) 熟悉操作异常或故障的分析与处理方法。

技能目标：

(1) 掌握停车操作步骤；

(2) 会分析造成操作异常的原因，并能正确处理。

素质目标：

培养知识应用能力、分析处理问题能力、自学能力等。

【任务分析】

精馏塔的停车，可分为临时停车和长期停车。临时停车多为出现突发情况采取的停车措施，待情况好转或正常后，再进行热态开车，操作能在较短时间内恢复正常。长期停车通常是停产或装置大修的需要，有计划进行的停车操作，物料全部排除，最终使装置处在冷态开车前的状态。两种不同的停车，要求不同，操作不同。

精馏过程可能出现的异常情况和故障很多，但常见有塔压过高或过低、温度异常、冷凝水中断、停电、泵坏、阀卡等，通过训练，掌握分析判断方法，正确排除异常现象或故障。

【任务实施】

一、正常停车

1. 降负荷

(1) 手动逐步关小调节阀 FV101（开度<35%），进料降至正常进料量的 70%；

(2) 同时保持灵敏板温度 TC101 和塔压 PC102 的稳定性，使精馏塔分离出合格的产品；

(3) 降负荷过程中，断开 LC103 和 FC103 的串级，手动开大 FV103（开度>90%），尽量通过 FV103 排出回流罐中的液体产品，至回流罐液位降至 20%左右；

(4) 同时，断开 LC101 和 FC102 的串级，手动开大 FV102（开度>90%）出塔釜产品，使液位 LC101 降至 30%左右。

2. 停进料和再沸器

在负荷降至正常的 70%，且产品已大部分采出后，停进料和再沸器。

(1) 精馏塔进料，关闭调节阀 FV101；

(2) 停加热蒸汽，关闭调节阀 TV101，关加热蒸汽阀 V13；

(3) 停止产品采出，手动关闭 FV102 和 FV103；

(4) 打开塔釜泄液阀 V10，排出不合格产品；

(5) 手动打开 LV102，对 FA414 进行泄液。

3. 停回流

(1) 手动开大 FV104，将回流罐内液体全部打入精馏塔，以降低塔内温度；

(2) 当回流罐液位降至 0%，停回流，关闭调节阀 FV104；

(3) 依次关泵出口阀 V17，停泵 GA412A，关入口阀 V19。

4. 降压、降温

(1) 塔内液体排完后，进行降压，手动打开 PV101，当塔压降至常压后，关闭 PV101；

(2) 灵敏塔板温度降至 50℃以下，关塔顶冷凝器冷凝水，手动关闭 PV102A（开度为 0%)。

（3）当塔釜液位降至 0% 后，关闭泄液阀 V10。

二、故障处理

常见故障处理方法见表 1-6。

表 1-6　常见故障的处理

故障	现象及可能原因	处理方法
热蒸汽压力过高	现象：加热蒸汽的流量增大，塔釜温度持续上升 原因：热蒸汽压力过高	适当减小 TC101 的阀门开度
热蒸汽压力过低	现象：加热蒸汽的流量减小，塔釜温度持续下降 原因：热蒸汽压力过低	适当增大 TC101 的开度
冷凝水中断	现象：塔顶温度上升，塔顶压力升高 原因：停冷凝水	(1)开回流罐放空阀 PC101 保压 (2)手动关闭 FC101，停止进料 (3)手动关闭 TC101，停加热蒸汽 (4)手动关闭 FC103 和 FC102，停止产品采出 (5)开塔釜排液阀 V10，排不合格产品 (6)手动打开 LIC102，对 FA114 泄液 (7)当回流罐液位为 0 时，关闭 FIC104 (8)关闭回流泵出口阀 V17/V18 (9)关闭回流泵 GA424A/GA424B (10)关闭回流泵入口阀 V19/V20 (11)待塔釜液位为 0 时，关闭泄液阀 V10 (12)待塔顶压力降为常压后，关闭冷凝器
停电	现象：回流泵 GA412A 停止，回流中断 原因：停电	(1)手动开回流罐放空阀 PC101 泄压 (2)手动关进料阀 FIC101 (3)手动关出料阀 FC102 和 FC103 (4)手动关加热蒸汽阀 TC101 (5)开塔釜排液阀 V10 和回流罐泄液阀 V23，排不合格产品 (6)手动打开 LIC102，对 FA114 泄液 (7)当回流罐液位为 0 时，关闭 V23 (8)关闭回流泵出口阀 V17/V18 (9)关闭回流泵 GA424A/GA424B (10)关闭回流泵入口阀 V19/V20 (11)待塔釜液位为 0 时，关闭泄液阀 V10 (12)待塔顶压力降为常压后，关闭冷凝器
回流泵故障	现象：GA-412A 断电，回流中断，塔顶压力、温度上升 原因：回流泵 GA-412A 泵坏	(1)开备用泵入口阀 V20 (2)启动备用泵 GA412B (3)开备用泵出口阀 V18 (4)关闭运行泵出口阀 V17 (5)停运行泵 GA412A (6)关闭运行泵入口阀 V19
回流控制阀 FC104 阀卡	现象：回流量减小，塔顶温度上升，压力增大 原因：回流控制阀 FC104 阀卡	打开旁路阀 V14，保持回流

【考核评价】

考核方式：仿真操作。

考核标准：由仿真操作软件自带，考核与操作同步，操作步骤和操作质量同时考核（详见操作软件）。

【知识链接】

一、停车一般原则

1. 临时停车

接停车命令后，马上停止塔的进料、塔顶采出和塔釜采出，进行全回流操作。适当地减少塔顶冷剂量及塔釜热剂量，全塔处于保温、保压的状态。如果停车时间较短，可根据塔的具体情况处理，只停塔的进料，可不停塔顶采出（此时为产品），以免影响后工序的生产，但塔釜采出应关闭。这种操作破坏了正常的物料平衡，不可长时间的应用，否则产品质量会下降。

2. 长期停车

接停车命令后，立即停止塔的进料，产品可继续进行采出，当分析结果不合格时，可停止采出，同时停止塔釜加热和塔顶冷凝，然后放尽釜液。对于分离低沸点物料的塔，釜液的放尽要缓慢地进行，以防止节流造成过低的温度使设备材质冷脆。放尽完毕后，把设备内的余压泄除，若为可燃介质，需再用氮气置换，合格后才能进行检修。若设备内须进人检修，还需用空气置换氮气，在设备内气体中的氧含量达 19%（体积分数）以上时，才允许检修人员进入。

二、操作异常或故障的分析与处理方法

1. 塔顶温度异常的处理

塔顶温度异常的原因主要有：进料浓度的变化、进料量的变化、回流量与温度的变化、再沸器加热量的变化。

装置达到稳定状态后，出现塔顶温度上升异常现象的处理措施如下。

（1）检查回流量是否正常：先检查回流泵工作状态，若回流泵故障，及时报告，停车检修回流泵。

若回流泵正常，而回流量变小，则检查塔顶冷凝器是否正常。对于以水为冷流体的塔顶冷凝器，如工作不正常，一般是冷却水供水管线上的阀门故障，此时可以打开与电磁阀并联的备用阀门；若发现一次水管网供水中断，及时报告，停车检修阀门。

（2）检测进料浓度是否异常，如发现进料发生了变化，并根据浓度的变化调整进料板的位置和再沸器的加热量。

（3）以上检查结果正常时，可适当增加进料量或减小再沸器的加热量。

装置达到稳定状态后，塔顶温度下降异常现象的处理措施如下。

（1）检查回流量是否正常：若回流量变大，则适当减小回流量（若同时加大采出量，则能达到新的稳态）。

（2）检测进料浓度，如发现进料发生了变化，及时报告，并根据浓度的变化调整进料板的位置和再沸器的加热量。

（3）以上检查结果正常时，可适当减小进料量或增加再沸器的加热量。

2. 液泛或漏液现象的处理

当塔底再沸器加热量过大、进料轻组分过多、进料温度过高均可能导致液泛。当塔底再沸器加热量过小、进料轻组分过少、进料温度过低、回流量过大均可能导致漏液。

液泛处理措施：

（1）减小再沸器的加热功率（减小加热电压）；

（2）检测进料浓度，调整进料位置和再沸器的加热量；

（3）检查进料温度，作出适当处理。

漏液处理措施为：

（1）增加再沸器的加热功率（增加加热电压）；

（2）检测进料浓度，调整进料位置和再沸器的加热量；

（3）检查进料温度，作出适当处理。

任务六　精馏塔实际操作

【任务介绍】

以小组为单位，依据任务单下达的任务，模拟化工真实生产，完成乙醇-水的分离操作。

知识目标：

（1）熟记操作工艺指标；

（2）熟悉安全防护方法。

技能目标：

（1）掌握开车、停车操作步骤；

（2）会分析造成操作异常的原因，并能正确处理、平稳操作。

素质目标：

培养知识应用能力、分析处理问题能力、自学能力、实际操作能力等。

【任务分析】

经过仿真操作训练，学生对操作技能有了一定的掌握，为真实操作打下了一定基础。但真实操作毕竟有别于仿真操作，影响因素更多，一旦操作失误，不仅影响产品质量，还可能出现更严重后果。因此，应首先熟悉装置和工艺指标，熟练掌握操作步骤和对可能出现的问题做好预案后才能进行操作。小组成员要做好分工，各负其责，团结协作。

【任务实施】

一、下发任务单

课前下发任务单，每人一份，要求学生明确任务单要求，以小组为单位收集、查阅相关资料，有针对性预习，做好准备工作。

二、预习情况检查

检查方式：随机抽查各组准备情况。

任　务　单

组别：　　　　　　　姓名：　　　　　　　　　　　　　　　　　　学号：

任务名称	任务六　精馏塔实际操作	
上课 时间	年　月　日 第　周　第　节	上课 地点

具体要求：

(1)将进料量为 0.5kg/s，进料温度为 60℃，20%（质量分数）乙醇水溶液提纯到 92%（质量分数），并计算其蒸出率。

(2)清楚本岗位操作的安全与防护；

(3)熟悉内操、外操及班长等岗位职责；

(4)会用精馏原理分析物料在塔内分离过程；

(5)了解影响正常操作的因素，会用物料衡算关系式验证稳定操作条件；

(6)熟悉工艺流程、工艺指标及其控制方法；

(7)能正确进行开车前的检查、查摆流程；

(8)能熟练完成精馏塔的冷态开车、平稳调节、异常情况处理和正常停车操作；

(9)会正确取样和检测产品质量，计量产量。

三、开车前的检查

组长做好分工，组员相互配合，熟悉工艺流程、工艺指标、操作方案、岗位安全防护等后，按方案操作。

(1) 熟悉各取样点及温度和压力测量与控制点的位置。

(2) 检查公用工程（水、电）是否处于正常供应状态。

(3) 设备上电，检查流程中各设备、仪表是否处于正常开车状态，动设备试车。

(4) 检查塔顶产品罐，是否有足够空间贮存实训产生的塔顶产品；如空间不够，关闭阀门 VA101、VA115A（B）和 VA123，打开阀门 VA116A（或 B）、VA117、VA120、VA121、VA128、VA129、VA122A（或 B），启动循环泵 P104，将塔顶产品倒到原料罐 A（或 B）。

(5) 检查塔釜产品罐，是否有足够空间贮存实训产生的塔釜产品；如空间不够，关闭阀门 VA115A（B）、VA129 和 VA123，打开阀门 VA101、VA102、VA116A（或 B）、VA117、VA120、VA121 和 VA122，启动循环泵 P104，将塔釜产品倒到原料罐 A 或 B。

(6) 检查原料罐，是否有足够原料供实训使用，检测原料浓度是否符合操作要求（原料体积百分浓度 10%～20%），如有问题进行补料或调整浓度的操作。

(7) 检查流程中各阀门是否处于正常开车状态。

关闭阀门：VA101、VA104、VA108、VA109、VA110、VA111、VA112、VA113A（B）、VA117、VA118、VA119、VA120、VA121、VA122A（B）、VA123、VA124、VA125、VA126、VA127、VA129、VA130、VA133、VA140；

全开阀门：VA102、VA103、VA107、VA114A（B）、VA115A（B）、VA128、VA131、VA132、VA139。

(8) 按照要求制定操作方案。

四、正常开车

将变频器的频率控制参数 F011 设置为 0000。

（1）从原料取样点 AI02 取样分析原料组成。

（2）精馏塔有 3 个进料位置，根据实训要求，选择进料板位置，打开相应进料管线上的阀门。

（3）操作台总电源上电。

（4）启动循环泵 P104。

（5）当塔釜液位指示计 LIC01 达到 300mm 时，关闭循环泵，同时关闭 VA107 阀门。注意：塔釜液位指示计 LIC01 严禁低于 260mm。

（6）打开再沸器 E101 的电加热开关，加热电压调至 200V，加热塔釜内原料液。

（7）通过第十二节塔段上的视镜和第二节玻璃观测段，观察液体加热情况。当液体开始沸腾时，注意观察塔内汽液接触状况，同时将加热电压设定在 130～150V 之间的某一数值。

（8）当塔顶观测段出现蒸汽时，打开塔顶冷凝器冷却水调节阀 VA135，使塔顶蒸汽冷凝为液体，流入塔顶冷凝液罐 V103。

（9）当凝液罐中的液位达到规定值后，启动回流液泵 P102 进行全回流操作，适时调节回流流量，使塔顶冷凝罐 V103 的液位稳定在 150～200mm 之间的某一值。

（10）随时观测塔内各点温度、压力、流量和液位值的变化情况，每 5min 记录一次数据。

（11）当塔顶温度 TIC01 稳定一段时间（15min）后，在塔釜和塔顶的取样点 AI01、AI03 位置分别取样分析。

五、稳定操作与参数调节

（1）待全回流稳定后，切换至部分回流，将原料罐、进料泵 P101 和进料口管线上的相关阀门全部打开，使进料管路通畅。

（2）将进料柱塞计量泵 P101 的行程调至 4L/h，然后开启进料泵 P101、塔顶出料泵 P103 开关，适时调节回流泵和采出泵的流量，以使塔顶冷凝液罐 V103 液位稳定（采出泵的调节方式同回流泵）。

（3）观测塔顶回流液位变化，以及回流和出料流量计值的变化。在此过程中可根据情况小幅增大塔釜加热电压值（5～10V），以及冷却水流量。

（4）塔顶温度稳定一段时间后，取样测量浓度。

六、正常停车操作

（1）关闭塔顶采出泵，进料泵。

（2）停止再沸器 E101 加热。

（3）待没有蒸汽上升后，关闭回流液泵 P102。

（4）关闭塔顶冷凝器 E104 的冷却水。

（5）将各阀门恢复到初始状态。

（6）关仪表电源和总电源。

（7）清理装置，打扫卫生。

七、操作记录

操作过程要如实、按要求做好记录，填写记录表。对产品取样分析结果做好记录，如实填写分析报告单。

操作记录要求

（1）从投料开始，每 10min 记录一次操作条件。

（2）书写规范、清晰，不得涂改。确有需更改的，按照要求在错误记录上画一斜杠，在其旁边写上正确数字，再签字，说明对记录的真实性负责。

(3) 记录开始时间在要求时间的前后 5min 内进行。

精馏操作记录

组别_____ 操作装置号_____ 操作时间_____

| 时间 | 加热电压/V | 温度/℃ | | | 进料 | 回流 | | 采出 | | 冷却水 | 液位/cm | | | | 釜压/kPa |
		进料	塔釜	塔顶	流量/(L/h)	流量/(L/h)	泵频率/Hz	流量/(L/h)	泵频率/Hz	流量/(L/h)	馏出罐	产品罐	原料罐	釜液罐	

【考核评价】

教师对小组操作过程全程考核，并填写精馏操作评分表。评分细则分装置认识与说明、开车准备、全回流操作、部分回流操作（生产平稳运行）、停车操作等七个阶段，有 30 个评判点，总分值 100 分。

精馏操作评分表

组别：_____ 装置号：_____ 日期：_____ 操作时间起于____止于____用时__ min 综合评定分数：_____

操作阶段（规定时间）	考核内容	操作要求	标准分值	评分标准与说明	得分
设备功能说明，流程叙述（10min）	装置构成与功能说明	塔釜及再沸器、塔体及塔板、全凝器及馏出罐、釜液与原料热交换器、原料罐、釜残液及产品罐	8	一、叙述说明，其他人不得提示、补充 二、考核点及分值 (1)精馏装置 6 个设备的名称与作用（0.5×6＝3 分）；错或漏 1 处，减 0.5 分 (2)汽液相传质、传热过程说明（4 分） 其中：汽相传质、传热过程说明各 1 分，共 2 分；液相传质、传热过程说明各 1 分，共 2 分；叙述说明缺项或错误扣 1 分 (3)规定时间内完成（1 分），否则扣 1 分	
	流程叙述	塔釜—塔板筛孔—板上液层—塔顶—全凝器 原料：原料罐—进料泵—加料板—各板—塔釜—热交换器—釜液罐 凝液：全凝器—馏出罐—采出泵—产品罐 全凝器—馏出罐—回流泵—塔顶—各塔板			

操作阶段（规定时间）	考核内容	操作要求	标准分值	评分标准与说明	得分
开车准备（10min）	检查水、电、仪、阀、泵、储罐；分析原料组成	（1）检查冷却水系统 （2）检查各阀门状态 （3）检查记录塔釜、原料罐、馏出罐、产品罐、塔釜液罐的液位 （4）检查电源和仪表显示 （5）开启产品罐放空阀，启动采出泵，将馏出罐液位调至4cm（本点不受此项限时） （6）用酒精计测量原料罐料液浓度，记录原料罐储量和含量	12	考核点及分值 （1）打开冷却水回水、上水阀，查有无供水（1分） （2）检查并确定工艺流程中各阀门状态（1分），附阀门状态表 （3）记录原料罐、釜液位和馏出罐液位（3分）；少1处扣1分 （4）开启总电源、仪表盘电源，查看电压表、温度显示，（1分） （5）开启产品罐放空阀、启动采出泵，倒空馏出罐并记录液位（3分）；错或漏一处扣1分 （6）酒精计测料液浓度，记录储量和浓度（共3分）。其中取样及静置（1分）、测量及温度校正（1分）、记录（1分），错或漏一步扣1分	
全回流操作（100min）	全回流操作及其稳定状态的判断	（1）开全凝器给水阀，调节流量至200～300L/h （2）打开电加热器以150～200V加热 （3）观察、记录馏出罐液位和塔内情况 （4）当馏出罐液位达到15cm时，开回流阀、启动回流泵，进入全回流操作 （5）维持馏出罐液位（15cm±1cm），至全回流操作稳定，间隔5min取样分析馏出液乙醇浓度	20	考核点及分值 （1）操作步骤（左列前四步共4分）；错或漏1步，减1分 （2）馏出罐液位变化±1cm以内（3分），液位变化超过1cm扣1分 （3）全回流操作质量（10分） 全回流稳定后，间隔5min取样两次，分析 ①为两次取样分析结果的质量浓差≤0.5%得10分，否则得6分 ②取样时需在全回流操作稳定时进行，否则在相应等级上扣2分 ③若浓差≥1.00%，可继续全回流操作至≤1.00%，超时（Δt＝实际用时－规定用时）减5分	
部分回流操作（70min）	加料、馏出、采出及其控制操作	（1）开启进料阀、启动进料泵，以4L/h进料 （2）增大加热电压（<190V） （3）调节回流变频器，控制回流量 （4）开启釜液罐放空阀 （5）开启产品罐的放空阀、采出阀、启动采出泵，维持馏出罐液位稳定 （6）部分回流操作稳定后，施加加热电压增大的干扰，操作者正确判断，采取相应措施，恢复并维持正常运行	40	考核点及分值 （1）操作步骤（左列中的前5步，每步1分，共5分）。步骤顺序错或漏，每步扣1分 （2）操作质量（25分，其中取样5分、操作稳定5分、产品质量稳定15分） ①取样5分（取样点、时间、容器、操作和取样量各1分）。部分回流稳定15min后，间隔5min取样分析一次，共两次；取样要求运行稳定、反映真实浓度，否则扣相应观测点的分值 ②操作稳定5分，产品平均浓度与全回流馏出液平均质量浓度差值≤2.00%得5分，否则得0分 ③产品质量稳定15分2次分析产品质量浓差值≤2.00%，得5分，否则得0分 （3）生产稳定（5分），馏出罐液位稳定（15±1）cm，每超过偏差1扣1分	

续表

操作阶段 (规定时间)	考核 内容	操作要求	标准 分值	评分标准与说明	得分
正常停车 (10min)		(1)关闭进料泵及相应管线上阀门 (2)关闭再沸器电加热器 (3)关闭采出泵、采出阀、产品罐放空阀 (4)关闭回流泵、回流阀 (5)记录各储罐的液位、关闭放空阀 (6)各阀门恢复开车前状态 (7)关闭上水阀、回水阀 (8)关闭仪表电源和总电源 (9)用酒精计测量馏出液浓度,记录馏出罐储量和采出量	10	考核点及分值(操作顺序错误,扣相应步骤分) (1)关闭进料泵、相应管线上阀门(1分),缺或错1步扣1分 (2)关闭再沸器电加热(1分) (3)关闭采出泵(1分) (4)关闭回流泵(1分) (5)检查记录原料罐、馏出罐、产品罐和釜液罐的液位(每处0.5分,共2分)缺或漏1处,扣0.5分。 (6)各工艺阀门恢复初始开车前的状态,1分(操作以挂牌为标志) (7)关闭上水阀、回水阀(1分) (8)关仪表电源和总电源(1分) (9)用酒精计测量馏出液浓度,记录馏出罐储量和采出量(1分);缺或错1步,扣1分	
安全文明操作	安全、文明、礼貌	(1)着装符合职业要求 (2)正确操作设备、使用工具 (3)操作环境整洁、有序 (4)操作文明规范	5	考核点及分值 (1)着装符合职业要求(1分) (2)正确操作设备、使用工具(2分,)错误扣1分,损坏扣10分 (3)操作环境整洁、有序(1分)	
记录与报告	记录与报告	(1)记录 开车5min记录一次数据,顶温达60℃以上时,2min记录一次,顶温稳定后5min记录一次,记录符合要求,清晰、准确 (2)生产报告 记录原料消耗、产品产量,计算乙醇蒸出率	5	考核点及分值 (1)记录和报告规范、准确、真实(2分),若不规范、不及时、不完整,发现一次扣1分 (2)产品蒸出率超过85%,得3分,否则得1分	

👉 【知识链接】

一、工艺流程与工艺指标

1. 工艺流程

图1-1为乙醇和水的混合物分离的精馏装置工艺流程图。

2. 工艺指标

乙醇-水混合物分离精馏装置重要工艺操作指标如下。

塔釜压力:0~4.0kPa

温度控制:进料温度≤65℃,塔顶温度78.2~80.0℃,塔釜温度90.0~92.0℃;

加热电压:140~200V;

流量控制:进料流量3.0~8.0L/h,冷却水流量300~400L/h;

液位控制:塔釜液位260~350mm,塔顶凝液罐液位100~200mm。

二、本岗位操作的安全与防护

进入装置必须穿戴劳防用品,在指定区域正确戴上安全帽,穿上安全鞋,在进入任何作业过程中佩戴安全防护眼镜,在任何作业过程中佩戴合适的防护手套。无关人员未得允许不得进入。

1. 动设备操作安全注意事项

（1）检查柱塞计量泵润滑油油位是否正常。

（2）检查冷却水系统是否正常。

（3）确认工艺管线，工艺条件正常。

（4）启动电机前先盘车，正常才能通电。通电时立即查看电机是否启动；若启动异常，应立即断电。避免电机烧毁。

（5）启动电机后看其工艺参数是否正常。

（6）观察有无过大噪声、振动及松动的螺栓。

（7）观察有无泄漏。

（8）电机运转时不允许接触转动件。

2. 静设备操作安全注意事项

（1）操作及取样过程中注意防止静电产生。

（2）装置内的塔、罐、储槽在需清理或检修时应按安全作业规定进行。

（3）容器应严格按规定的装料系数装料。

3. 安全技术

（1）开车之前必须了解室内总电源开关与分电源开关的位置，以便出现用电事故时及时切断电源；在启动仪表柜电源前，必须清楚每个开关的作用。

（2）设备配有温度、液位等测量仪表，对相关设备的工作进行集中监视，出现异常时应及时处理。

（3）由于装置产生蒸汽，蒸汽通过的地方温度较高，应规范操作，避免烫伤。

（4）不能使用有缺陷的梯子，登梯前必须确保梯子支撑稳固，面向梯子上下并双手扶梯，一人登梯时要有同伴护稳梯子。

4. 防火措施

（1）乙醇属于易燃、易爆品，操作过程中要严禁烟火。

（2）当塔顶温度升高时，应及时处理，避免塔顶冷凝器放风口处出现雾滴（为酒精溶液）。

【知识拓展】

一、塔板数的确定方法

（一）操作线方程

精馏塔内任意板下降液相组成 x_n 及由其下一层板上升的蒸汽组成 y_{n+1} 之间关系称为操作关系。描述精馏塔内操作关系的方程称为操作线方程。由于精馏过程既涉及传热又涉及传质，影响因素很多，为了简化精馏过程，得到操作关系，进行恒物质的量假定。即若

① 各组分的摩尔汽化潜热相等；

② 气液接触时因温度不同而交换的显热可以忽略；

③ 塔设备保温良好，热损失也可忽略。

在此情况下，精馏塔塔板上气、液两相接触时，有 $n\mathrm{kmol}$ 的蒸汽冷凝，相应就有 $n\mathrm{kmol}$ 的液体汽化，即进料段和出料段内每块塔板上上升的气体、下降的液体各自物质的量不变。

由此，可得出操作线方程。在连续精馏塔中，因原料液不断从塔的中部加入，致使精馏段和提馏段具有不同的操作关系，应分别予以讨论。

1. 精馏段操作线方程

对图 1-26 中虚线范围（包括精馏段的第 $n+1$ 层板以上塔段及冷凝器）作物料衡算，以单位时间为基准，即

总物料衡算：
$$V=L+D$$

易挥发组分衡算：
$$Vy_{n+1}=Lx_n+Dx_D$$

式中　V——精馏段上升蒸汽的摩尔流量，kmol/h；

　　　　L——精馏段下降液体的摩尔流量，kmol/h；

　y_{n+1}——精馏段第 $n+1$ 层板上升蒸汽中易挥发组分的摩尔分数；

　　x_n——精馏段第 n 层板下降液体中易挥发组分的摩尔分数。

整理：
$$y_{n+1}=\frac{L}{L+D}x_n+\frac{D}{L+D}x_D \tag{1-22}$$

令回流比 $R=L/D$ 并代入上式，得精馏段操作线方程

$$y_{n+1}=\frac{R}{R+1}x_n+\frac{x_D}{R+1} \tag{1-23}$$

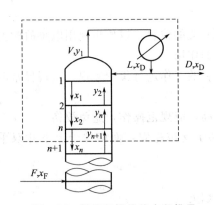

图 1-26　精馏段操作线方程推导

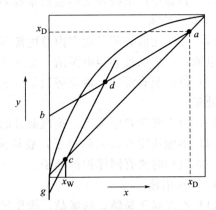

图 1-27　精馏塔的操作线

精馏段操作线方程反映了一定操作条件下精馏段内的操作关系，即精馏段内自任意第 n 层板下降的液相组成 x_n 与其相邻的下一层板（第 $n+1$ 层板）上升汽相组成 y_{n+1} 之间的关系。在稳定操作条件下，精馏段操作线方程为一直线。

斜率为 $\frac{R}{R+1}$，截距为 $\frac{x_D}{R+1}$。由式（1-23）可知，当 $x_n=x_D$ 时，$y_{n+1}=x_D$，即该点位于 y-x 图的对角线上，如图 1-27 中的点 a；又当 $x_n=0$ 时，$y_{n+1}=x_D/(R+1)$，即该点位于 y 轴上，如图中点 b，则直线 ab 即为精馏段操作线。

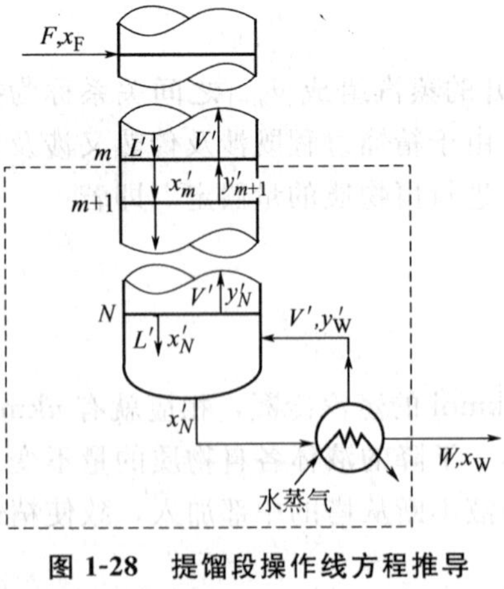

2. 提馏段操作线

按图 1-28 虚线范围（包括提馏段第 m 层下塔板及再沸器）作物料衡算，以单位时间为基础，即

总物料衡算：
$$L'=V'+W$$

图 1-28　提馏段操作线方程推导

易挥发组分衡算：

$$L'x'_m = V'y'_{m+1} + Wx_W$$

提馏段操作线方程：

$$y'_{m+1} = \frac{L'}{L'-W}x'_m - \frac{W'}{L'-W}x_W \tag{1-24}$$

式中 L'——提馏段下降液体的摩尔流量，kmol/h；

V'——提馏段上升蒸汽的摩尔流量，kmol/h；

x'_m——提馏段第 m 层板下降液相中易挥发组分的摩尔分数；

y'_{m+1}——提馏段第 $m+1$ 层板上升蒸汽中易挥发组分的摩尔分数。

提馏段操作线方程反映了一定操作条件下，提馏段内的操作关系。在稳定操作条件下，提馏段操作线方程为一直线。斜率为 $\dfrac{L'}{L'-W}$，截距为 $\dfrac{W'}{L'-W}$。由式(1-23) 可知，当 $x'_m = x_W$ 时，$y'_{m+1} = x_W$，即该点位于 y-x 图的对角线上，如图中的点 c；当 $x'_m = 0$ 时，$y'_{m+1} = -Wx_W/(L'-W)$，该点位于 y 轴上，如图中点 g，则直线 cg 即为提馏段操作线。由图 1-27 可见，精馏段操作线和提馏段操作线相交于点 d。

应予指出，提馏段内液体摩尔流量 L' 不仅与精馏段液体摩尔流量 L 的大小有关，而且它还受进料量及进料热状况的影响。

依据式(1-20) 及式(1-21)，则提馏段操作线方程可改写为

$$y' = \frac{L+qF}{L+qF-W}x' - \frac{W}{L+qF-W}x_W \tag{1-25}$$

（二）进料方程

1. 进料方程及提馏段操作线的绘制

由图 1-29 可知，提馏段操作线截距很小，提馏段操作线 cg 不易准确作出，而且这种作图方法不能直接反映出进料热状态的影响。因此通常的做法是先找出精馏段操作线与提馏段操作线的交点 d，再连接 cd 得到提馏段操作线。精馏段和提馏段操作线的交点可联立精馏段、提馏段操作线方程得到

$$y = \frac{q}{q-1}x - \frac{x_F}{q-1} \tag{1-26}$$

式(1-26) 即为精馏段操作线与提馏段操作线交点的轨迹方程，称为进料方程，也称 q 线方程。在进料热状况及进料组成确定的条件下，q 及 x_F 为定值，进料方程为一直线方程。将式(1-25) 与对角线方程联立，则交点坐标为 $x=x_F$，$y=x_F$，如图 1-29 中 e 点，过 e 点作

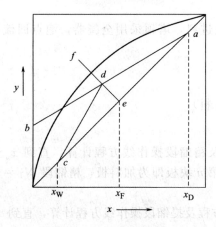

图 1-29　q 线与操作线

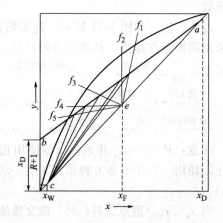

图 1-30　进料热状况对操作线的影响

斜率为 $q/(q-1)$ 的直线，ef 线，即为 q 线。q 线与提馏段操作线交于 d 点，d 点即是两操作线交点，连接 c（x_W，x_W）、d 两点可得提馏段操作线 cd。

2. 进料状态对 q 线及操作线的影响

q 线方程还可分析进料热状态对精馏塔设计及操作的影响。进料热状况不同，q 线位置不同，从而提馏段操作线的位置也相应变化。

根据不同的 q 值，将五种不同进料热状况下的 q 线斜率值及其方位标绘在图 1-30 并列于表 1-7 中。

表 1-7 进料热状况对 q 线的影响

进料热状况	进料的焓 I_F	q 值	$q/(q+1)$	q 线在 y-x 图上的位置
冷液体	$I_F > I_L$	>1	$+$	ef_1（↗）
饱和液体	$I_F = I_L$	1	∞	ef_2（↑）
气液混合物	$I_L < I_F < I_V$	$0 < q < 1$	$-$	ef_3（↖）
饱和蒸汽	$I_F = I_V$	0	0	ef_4（←）
过热蒸汽	$I_F > I_V$	<0	$+$	ef_5（↙）

（三）理论塔板数的求法

我们已经知道，塔板是汽液两相传质、传热的场所，精馏操作要达到工业上的分离要求，精馏塔需要有足够层数的塔板。理论塔板数的计算，需要借助汽液相平衡关系和塔内汽液两相的操作关系。汽液相平衡关系前面已经讨论了，为求理论塔板数，首先来研究塔内汽液两相的操作关系。

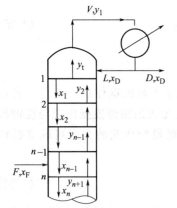

图 1-31　逐板计算法示意图

精馏塔理论塔板数的计算，常用的方法有逐板计算法、图解法。在计算理论板数时，一般需已知原料液组成、进料热状态、操作回流比及所要求的分离程度，利用汽液相平衡关系和操作线方程求得。

1. 逐板计算法

（1）理论依据　对于理论塔板，离开塔板的汽液相组成满足相平衡关系方程；而相邻两块塔板间相遇的汽液相组成之间属操作关系，满足操作线方程。这样，交替地使用相平衡关系和操作线方程逐板计算每一块塔板上的汽液相组成，所用相平衡关系的次数就是理论塔板数。

（2）方法　如图 1-31 所示，连续精馏塔，泡点进料，塔顶采用全凝器，泡点回流，塔釜采用间接蒸汽加热。从塔顶开始计算。

$$y_1 = x_D \xrightarrow{\text{平衡关系}} x_1 \xrightarrow{\text{精馏段操作关系}} y_2$$
$$\xrightarrow{\text{平衡关系}} x_2 \xrightarrow{\text{精馏段操作关系}} y_3 \cdots x_n \leqslant x_F \text{（泡点进料）}$$
$$\xrightarrow{\text{提馏段操作关系}} y_{n+1} \xrightarrow{\text{平衡关系}} x_{n+1} \cdots x_N \leqslant x_W$$

注意：从 $y_1 = x_D$ 开始，交替使用相平衡方程及精馏段操作线方程计算，直到 $x_n \leqslant x_F$ 为止，使用一次相平衡方程相当于有一块理论板，第 n 块板即为加料板，精馏段 $N_T = n-1$（块）。

当 $x_n \leqslant x_F$（泡点进料）时，改交替使用相平衡方程及提馏段操作线方程计算，直到 $x_N \leqslant x_W$ 为止，使用相平衡方程的次数为 N_T，再沸器相当于一块理论板，总 $N_T = N-1$（块）。

逐板计算法较为繁琐，但计算结果比较精确，适用于计算机编程计算。

2. 图解法

图解法求取理论塔板数的基本原理与逐板计算法相同，只不过用简便的图解来代替繁杂的计算而已。图解的步骤如下，参见图1-32。

（1）作x-y图，绘制精馏、提馏段操作线。

（2）自对角线上的a点开始，在精馏段操作线与平衡线之间画水平线及垂直线组成的阶梯，即从a点作水平线与平衡线交于点1，该点即代表离开第一层理论板的汽液相平衡组成（x_1，y_1），故由点1可确定x_1。由点1作垂线与精馏段操作线的交点$1'$可确定y_2。再由点$1'$作水平线与平衡线交于点2，由此点定出x_2。如此重复在平衡线与精馏段操作线之间绘阶梯。当阶梯跨越两操作线交点d点时，则改在提馏段操作线与平衡线之间画阶梯，直至阶梯的垂线跨过点$c(x_W，x_W)$为止。

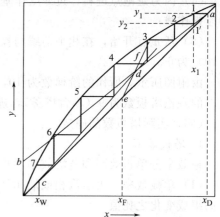

图1-32　图解法求取理论塔板数

（3）每个阶梯代表一块理论板。跨过点d的阶梯为进料板，最后一个阶梯为再沸器。总理论板层数为阶梯数减1。

（4）阶梯中水平线的距离代表液相中易挥发组分的浓度经过一次理论板后的变化，阶梯中垂直线的距离代表汽相中易挥发组分的浓度经过一次理论板的变化，因此阶梯的跨度也就代表了理论板的分离程度。阶梯跨度不同名，说明理论板分离能力不同。

图解法简单直观，但计算精确度较差，尤其是对相对挥发度较小而所需理论塔板数较多的场合更是如此。

3. 确定最优进料位置

最优的进料位置一般应在塔内液相或汽相组成与进料组成相近或相同的塔板上。当采用图解法计算理论板层数时，适宜的进料位置应为跨越两操作线交点所对应的阶梯。对于一定的分离任务，如此作图所需理论板数为最少，跨过两操作线交点后继续在精馏段操作线与平衡线之间作阶梯，或没有跨过交点过早更换操作线，都会使所需理论板层数增加。

对于已有的精馏装置，在适宜进料位置进料，可获得最佳分离效果。在实际操作中，如果进料位置不当，将会使馏出液和釜残液不能同时达到预期的组成。进料位置过高，使馏出液的组成偏低（难挥发组分含量偏高）；反之，进料位置偏低，使釜残液中易挥发组分含量增高，从而降低馏出液中易挥发组分的收率。

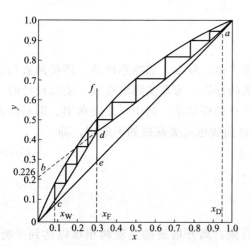

图1-33　【例1-2】附图

【例1-2】　将$x_F = 30\%$的苯-甲苯混合液送入常压连续精馏塔，要求塔顶馏出液中$x_D = 95\%$，塔釜残液$x_W = 10\%$（均为物质的量分数），泡点进料，操作回流比为3.21。试用图解法求理论塔板数。

解　（1）查苯-甲苯相平衡数据作出相平衡曲线，如图1-33所示，并作出对角线；

（2）在x轴上找到$x_D = 0.95$，$x_F = 0.30$，

$x_W = 0.10$ 三个点，分别引垂直线与对角线交于点 a、e、c；

（3）精馏段操作线截距 $x_D/(R+1) = 0.95/(3.21+1) = 0.226$。在 y 轴上找到点 $b(0, 0.226)$，连接 a、b 两点得精馏段操作线；

（4）因为是泡点进料，过 e 点作垂直线与精馏段操作线交于点 d，连接 c、d 两点得提馏段操作线；

（5）从 a 点开始，在相平衡线与操作线之间作阶梯，直到 $x \leqslant x_W$ 即阶梯跨过点 $c(0.10, 0.10)$ 为止。

由附图所示，所作的阶梯数为 10，第 7 个阶梯跨过精馏段、提馏段操作线的交点。故所求的理论塔板数为 9（不含塔釜），进料板为第 7 板。

（四）实际塔板数的确定

1. 塔板效率

板效率分单板效率和全塔效率两种。

（1）单板效率　表示汽相或液相经过一层实际塔板前后的组成变化与经过一层理论板前后的组成变化之比值

$$E_{MV} = \frac{y_n - y_{n+1}}{y_n^* - y_{n+1}}$$

或

$$E_{ML} = \frac{x_{n-1} - x_n}{x_{n-1} - x_n^*} \tag{1-27}$$

式中　E_{MV}——汽相单板效率；

E_{ML}——液相单板效率；

y_n^*——与 x_n 成平衡的汽相组成；

x_n^*——与 y_n 成平衡的液相组成。

应予指出，单板效率可直接反映该层塔板的传质效果，但各层塔板的单板效率通常不相等。单板效率可由实验测定。

（2）总板效率　全塔效率又称总板效率，反映的是塔中各层塔板的平均效率。操作过程中全塔效率为：

$$E_T = \frac{N_T}{N_P} \times 100\% \tag{1-28}$$

式中　E_T——全塔效率；

N_T——理论板层数；

N_P——实际塔板层数。

精馏塔设计计算时，由于影响板效率的因素很多而且复杂，如物系性质、塔板形式与结构和操作条件等。故目前对板效率还不易作出准确的计算。为求实际塔板数，实际设计时一般采用来自生产及中间实验的数据或用经验公式估算总板效率。其中，比较典型、简易的方法是奥康奈尔的关联法，如图 1-34 所示的曲线，该曲线也可关联成如下形式，即

$$E_T = 0.49(\alpha \mu_L)^{-0.245} \tag{1-29}$$

式中　α——塔顶与塔底平均温度下的相对挥发度；

μ_L——塔顶与塔底平均温度下的液体黏度。

2. 实际塔板数

实际塔板由于汽液两相接触时间及接触面积有限，离开塔板的汽液两相难以达到平衡，达不到理论板的传质分离效果。理论板仅作为衡量实际板分离效率的依据和标准。在指定条

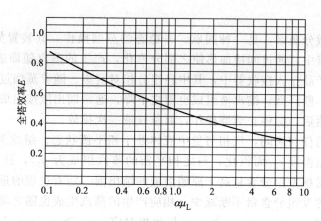

图 1-34 精馏塔效率关联曲线

件下进行精馏操作所需要的实际板数（N_P）较理论板数（N_T）为多。在工程设计中，先求得理论板层数，用塔板效率予以校正，即可求得实际塔板层数。

$$N_P = \frac{N_T}{E_T} \times 100\% \qquad (1\text{-}30)$$

将计算结果圆整成整数，不到一块取为一块。

二、其他蒸馏操作

（一）平衡蒸馏

平衡蒸馏又称闪蒸，是一种连续、稳态的单级蒸馏操作。平衡蒸馏的装置如图 1-35 所示。被分离的混合液先经加热器升温，使之温度高于分离器压力下料液的泡点，然后通过节流阀降低压力至规定值，由于压力的突然降低，过热液体发生自蒸发，在分离器中部分汽化，平衡的汽液两相及时被分离。其中汽相为顶部产物，轻组分含量较多，液相为底部产物，其中重组分得到了增浓。通常分离器又称闪蒸塔（罐）。

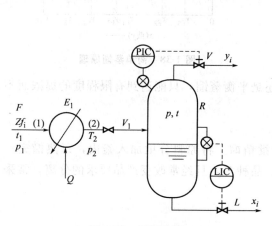

图 1-35 平衡蒸馏

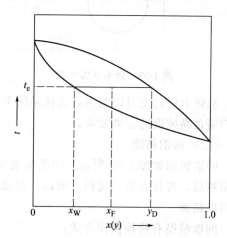

图 1-36 平衡蒸馏原理

在平衡蒸馏过程中，闪蒸器内压强及温度均保持恒定，蒸汽与液相处于平衡，即在闪蒸器内通过一次部分汽化使混合液得到一定程度的分离。图 1-36 中将闪蒸过程表示在 $t\text{-}x(y)$ 图中，原料液组成为 x_F，经一次部分汽化，得到相互平衡的汽相组成 y_D 和液相组成 x_W，并且 $x_W < x_F < y_D$，将汽相组成为 y_D 蒸汽全部冷凝下来，即得到易挥发组分含量较高的顶部产品，而塔底排出液中易挥发组分较低。

(二) 简单蒸馏

简单蒸馏又称微分蒸馏,是一种间歇、非稳态的蒸馏操作,其装置如图 1-37 所示。原料液分批加到蒸馏釜中,通过间接加热使之部分汽化,产生的蒸汽随即进入冷凝器中冷凝,冷凝液作为馏出液产品排入接收器中,其中轻组分相对富集。随着蒸馏过程的进行,釜液中易挥发组分的含量不断降低,馏出液组成也随之下降,通常馏出液按组成分段收集。当釜液组成降低至某规定值后,即停止蒸馏操作,而釜残液一次排放。

简单蒸馏过程的任何瞬间,汽相与釜中液体处于相平衡状态。组成为 x_{F1} 的混合液在蒸馏釜中被加热至泡点温度 t_{F1} 而汽化,与之相平衡的蒸汽组成为 y_{F1},且 $y_{F1} > x_{F1}$,将蒸汽全部冷凝,即得到易挥发组分含量高于原始溶液的馏出液。随着过程的进行,蒸汽不断地引出,釜中料液的易挥发组分含量不断减少,相应产生的蒸汽组成也随之降低,而釜内溶液的泡点则逐渐升高。即 $x_{F1} > x_{F2} > x_{F3} > \cdots$,与此相对应,$y_{F1} > y_{F2} > y_{F3} > \cdots$,而 $t_{F1} < t_{F2} < t_{F3} < \cdots$,如图 1-38 所示。

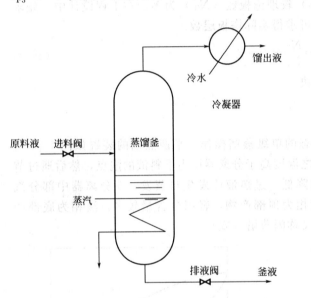

图 1-37 简单蒸馏装置

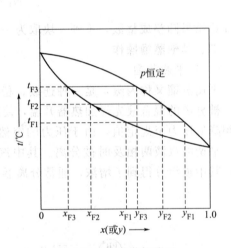

图 1-38 简单蒸馏原理

从以上的讨论可以看出,无论是简单蒸馏还是平衡蒸馏,只能达到有限程度的提浓而不可能满足高纯度的分离要求。

(三) 间歇精馏

间歇精馏如图 1-39 所示。间歇精馏又称分批精馏。将原料分批加入釜内,每蒸馏完一批原料后,再加入第二批料。所以,对批量少、品种多,且经常改变产品要求的分离,常采用间歇精馏。

间歇精馏有两种操作方式:

(1) 恒定回流比 R

(2) 恒定塔顶组成 x_D。

在实际操作中常将两者结合起来进行操作。

间歇精馏有以下特点:①动态过程;②只有精馏段。

(四) 恒沸精馏

一般的蒸馏或精馏操作是以液体混合物中各组分的相对挥发度差异为依据的。组分间挥发度差别愈大愈容易分离。但对某些液体混合物，组分间的相对挥发度接近于 1 或形成恒沸物，以至于不宜或不能用一般精馏方法进行分离。而从技术上，经济上又不适用于用其他方法分离时，则需要采用特殊精馏方法。

　　向精馏塔内加入能与料液中被分离组分形成低沸点恒沸物的添加剂，使普通精馏难以分离的液体混合物变得容易分离的一种特殊精馏方法。当料液中组分间的相对挥发度接近于 1 或形成恒沸物时，加入能与料液中一个或几个组分形成低沸点的恒沸物的添加剂，使被分离组分间的相平衡关系发生下列变化：①如果料液本来不会形成恒沸物，则形成沸点比各组分均低的恒沸物。这样，就可以用蒸馏的方法使之与其余组分分离。②如果料液的某些组分能够形成恒沸物，则与添加剂形成的新恒沸物的沸点低于原恒沸物。这样，添加剂的加入使料液中的一个组分全部进入

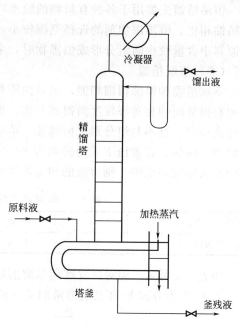

图 1-39　间歇精馏

恒沸物，从塔顶馏出，而塔底则可得到基本不含该组分的产物。若馏出的恒沸物的冷凝液是非均相的，则先用倾析，再用普通精馏进一步分离。如果馏出的恒沸物的冷凝液是均相的，需用萃取等方法分离。

　　图 1-40 为苯与环己酮恒沸精馏工艺流程。料液为苯（沸点为 80.1℃）与环己酮（沸点为 80.8℃）的混合液，用丙酮作添加剂，与料液一起加入塔内（见图 1-40）。环己酮与丙酮形成恒沸物从塔顶馏出，从塔底可得纯苯。恒沸物（沸点为 50.3℃）与纯苯的沸点相差颇大，使精馏过程容易进行。塔顶馏出的恒沸物是均相的，可用水萃取丙酮，留下纯环己酮。丙酮再经精馏回收，供循环使用。

　　如果料液本身能形成非均相恒沸物，也可不用添加剂而采用双塔流程进行分离。这种精馏过程也属于恒沸精馏。例如，原料液为稀糠醛水溶液，在第一塔中进行常压精馏，糠醛可以全部进入恒沸物，从塔顶馏出，塔底得纯水。恒沸物经冷凝后分成两个液层：上层为水相（糠醛的摩尔分数约 0.02）作为第一塔的回流；下层为醛相（糠醛的摩尔分数约 0.7），进入第二塔中再次精馏。第二塔的馏出物为恒沸组成，在塔底得纯糠醛。

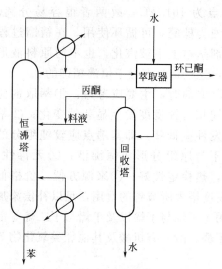

图 1-40　苯与环己酮恒沸精馏工艺流程

　　恒沸添加剂又称夹带剂，选择的原则是：①添加剂至少与料液中一个组分能形成低沸点恒沸物，最好其恒沸点比纯组分的沸点低，一般两者沸点差不小于 10℃；②在所形成的恒沸物中，添加剂的相对含量不应太多，以减少添加剂的需用量；③添加剂应与料液中含量少的组分形成恒沸物，以减轻精馏过程的热负荷；④新恒沸物最好为非均相混合物，便于用分层方法分离，使夹带剂易于回收；⑤来源充足，价格便宜，且安全无毒。

恒沸精馏主要用于各种有机物的脱水以及醛、酮、有机酸及烃类氧化物等的分离。与萃取精馏相比，恒沸添加剂的选择范围较小，且添加剂由塔顶馏出，热耗较大。只有当添加剂与原料中含量较少的组分形成恒沸物时，采用恒沸精馏才是经济的。

（五）萃取精馏

萃取精馏和恒沸精馏相似，也是向原料液中加入第三组分（称为萃取剂或溶剂），以改变原有组分间的相对挥发度而得到分离。但不同的是要求萃取剂的沸点较原料液中各组分的沸点高得多，且不与组分形成恒沸液。萃取精馏常用于分离各组分沸点（挥发度）差别很小的溶液。例如，在常压下苯的沸点为80.1℃，环己烷的沸点为80.73℃，若在苯-环己烷溶液中加入萃取剂糠醛，则溶液的相对挥发度（α）发生显著的变化，如表1-8所示。

表1-8　苯-环己烷烷溶液中加入糠醛后 α 的变化

溶液中糠醛的摩尔分数	0	0.2	0.4	0.5	0.6	0.7
相对挥发度(α)	0.98	1.38	1.86	2.07	2.36	2.7

由表1-8可见，相对挥发度随萃取剂量加大而增高。

图1-41为分离苯-环己烷溶液的萃取精馏流程示意图。原料液进入萃取精馏塔1中，萃取剂（糠醛）由塔1顶部加入，以便在每层板上都与苯相结合。塔顶蒸出的为环己烷蒸气。为回收微量的糠醛蒸气，在塔1上部设置回收段2（若萃取剂沸点很高，也可以不设回收段）。塔底釜液为苯-糠醛混合液，再将其送入苯回收塔3中。由于常压下苯沸点为80.1℃，糠醛的沸点为161.7℃，故两者很容易分离。塔3中釜液为糠醛，可循环使用。在精馏过程中，萃取剂基本上不被汽化，也不与原料液形成恒沸液，这些都是有异于恒沸精馏的。

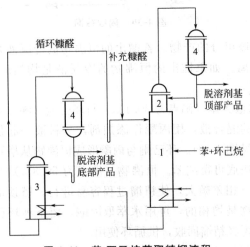

循环糠醛　补充糠醛

脱溶剂基顶部产品

脱溶剂基底部产品

苯+环己烷

图1-41　苯-环己烷萃取精馏流程
1—萃取精馏塔；2—萃取剂回收段
3—苯回收塔；4—冷凝器

选择萃取剂时，主要应考虑：①萃取剂应使原组分间相对挥发度发生显著的变化；②萃取剂的挥发性应低些，即其沸点应较纯组分的为高，且不与原组分形成恒沸液；③无毒性、无腐蚀性，热稳定性好；④来源方便，价格低廉。萃取精馏主要用于那些加入添加剂后，因相对挥发度增大所节省的费用，足以补偿添加剂本身及其回收操作所需费用的场合。萃取精馏最初用于丁烷与丁烯以及丁烯与丁二烯等混合物的分离。目前，萃取精馏比恒沸精馏更广泛地用于醛、酮、有机酸及其他烃类氧化物等的分离。

萃取精馏与恒沸精馏的特点比较如下：①萃取剂比夹带剂易于选择；②萃取剂在精馏过程中基本上不气化，故萃取精馏的耗能量较恒沸精馏的为少；③萃取精馏中，萃取剂加入量的变动范围较大，而在恒沸精馏中，适宜的夹带剂量多为一定，故萃取精馏的操作较灵活，易控制；④萃取精馏不宜采用间歇操作，而恒沸精馏则可采用间歇操作方式；⑤恒沸精馏操作温度较萃取精馏的为低，故恒沸精馏较适用于分离热敏性溶液。

（六）水蒸气蒸馏

直接向不混溶于水的液体混合物中通入水蒸气的蒸馏方法，即为水蒸气蒸馏。如图1-42

所示。

　　将水蒸气连续通入含有可挥发物质 A 的混合液，当与水不相混溶的物质与水共存达到相平衡时，根据道尔顿分压定律，汽相含有水蒸气和组分 A，汽相的总压等于水蒸气分压和组分 A 分压之和，即：

$$p = p_A + p_B$$

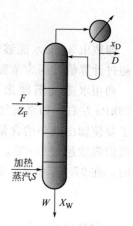

图 1-42　水蒸气蒸馏

　　式中，p 为总的蒸气压；p_A 为水的蒸气压；p_B 为与水不相混溶物质的蒸气压。

　　当汽相总压等于外压时，液体便在远低于组分 A 的正常沸点的温度下沸腾，组分 A 随水蒸气蒸出。在水蒸气蒸馏操作中，水蒸气起到载热体和降低沸点的作用。原则上，任何与料液不互溶的气体或蒸汽皆可使用；但水蒸气价廉易得，冷却后容易分离，故最为常用。如果蒸馏操作中使用饱和水蒸气，且外部加入的热量不足，水蒸气将部分冷凝，形成两个液相。这时汽相中水蒸气的分压最大，等于其饱和蒸气压，液体将在最低温度下沸腾，但由于水的饱和蒸气压远高于组分 A 的蒸气分压，所以馏出汽相中组分 A 的含量很少，水蒸气的耗用量最大。为节省能耗，在蒸馏釜内须避免出现水蒸气的冷凝。为此可采用外部加热或使用过热蒸汽将料液升温到允许的最高温度，以增大组分 A 的蒸汽分压。同时选择较低的操作压力，降低水蒸气的分压，节省水蒸气的用量。

　　水蒸气蒸馏常用于下列几种情况：①某些沸点高的有机化合物，在常压下蒸馏虽可与副产品分离，但易被破坏；②混合物中含有大量树脂状杂质或不挥发性杂质，采用蒸馏、萃取等方法都难于分离；③从较多固体反应物中分离出被吸附的液体。

　　水蒸气蒸馏也常用来降低操作温度，以便将高沸点或热敏性物质从料液中蒸发出来，从而得到纯化，如脂肪酸、苯胺、松节油的提取和精制。

　　当混合物中各组分蒸汽压总和等于外界大气压时，这时的温度即为它们的沸点。此沸点比各组分的沸点都低。因此，在常压下应用水蒸气蒸馏，就能在低于 100℃ 的情况下将高沸点组分与水一起蒸出来。因为总的蒸气压与混合物中二者间的相对量无关，直到其中一组分几乎完全移去，温度才上升至留在瓶中液体的沸点。我们知道，混合物蒸汽中各个气体分压（p_A，p_B）之比等于它们的物质的量（n_A，n_B）之比，即：

$$\frac{n_A}{n_B} = \frac{p_A}{p_B}$$

而
$$n_A = m_A / M_A; \quad n_B = m_B / M_B。$$

　　式中，m_A、m_B 为各物质在一定容积中蒸汽的质量；M_A、M_B 为物质 A 和 B 的相对分子质量。因此：

$$\frac{m_A}{m_B} = \frac{M_A n_A}{M_B n_B} = \frac{M_A p_A}{M_B p_B}$$

　　可见，这两种物质在馏出液中的相对质量（就是它们在蒸汽中的相对质量）与它们的蒸气压和相对分子质量成正比。

　　以苯胺为例，它的沸点为 184.4℃，且和水不相混溶。当和水一起加热至 98.4℃ 时，水的蒸气压为 95.4kPa，苯胺的蒸气压为 5.6kPa，它们的总压力接近大气压力，于是液体就开始沸腾，苯胺就随水蒸气一起被蒸馏出来，水和苯胺的相对分子质量分别为 18 和 93，代入上式：

$$m_A/m_B = \frac{95.4 \times 18}{5.6 \times 93} = \frac{33}{10}$$

即蒸出 3.3g 水能够带出 1g 苯胺。苯胺在溶液中的组分占 23.3%。实际蒸出的水量往往超过计算值，因为苯胺微溶于水。

利用水蒸气蒸馏来分离提纯物质时，要求此物质在 100℃ 左右时的蒸气压至少在 1.33kPa 左右。如果蒸气压在 0.13~0.67kPa，则其在馏出液中的含量仅占 1%，甚至更低。为了要使馏出液中的含量增高，就要想办法提高此物质的蒸气压，也就是说要提高温度，使蒸汽的温度超过 100℃，即要用过热水蒸气蒸馏。例如苯甲醛（沸点 178℃），进行水蒸气蒸馏时，在 97.9℃ 沸腾，这时 $p_A = 93.8$kPa，$p_B = 7.5$kPa，则：

$$m_A/m_B = \frac{93.8 \times 18}{7.5 \times 106} = \frac{21.2}{10}$$

这时馏出液中苯甲醛占 32.1%。

假如导入 133℃ 过热蒸汽，苯甲醛的蒸气压可达 29.3kPa，因而只要有 72kPa 的水蒸气压，就可使体系沸腾，则：

$$m_A/m_B = \frac{72 \times 18}{29.3 \times 106} = \frac{4.17}{10}$$

这样馏出液中苯甲醛的含量就提高到了 70.6%。

从上面的分析可以看出，使用水蒸气蒸馏这种分离方法是有条件限制的，被提纯物质必须具备以下几个条件：①不溶或难溶于水；②与沸水长时间共存而不发生化学反应；③在 100℃ 左右必须具有一定的蒸气压（一般不小于 1.33kPa）。

学习情境二

吸收操作

吸收是分离均相气体混合物典型的单元操作，在石油炼制、煤化工、有机化工等化学工业中有着广泛应用，在其他工业领域也较常见，在此，拟将用水吸收空气中二氧化装置作为学习情境，探讨吸收操作。

任务一　认识吸收基本工艺过程

 【任务介绍】

通过对实际吸吸装置的观察以及分析探讨，较深入地认识和理解吸收基本工艺过程。具体目标如下。

知识目标：

(1) 掌握吸收原理；

(2) 熟悉吸收分类；

(3) 了解吸收在化工生产中的应用。

技能目标：

(1) 认识吸收流程中的主要设备、阀门和仪表；

(2) 能够正确绘制和叙述吸收基本流程。

素质目标：

培养知识应用能力、分析能力、自学能力、与人合作能力、遵守纪律意识等。

【任务分析】

吸收是分离气体混合物常用的方法，此法的特点是利用混合物中各组分在某种液体中的溶解度的不同而进行分离的。吸收原理决定了此法的分离特点，也决定了吸收流程设置。因此，要在理解吸收原理的基础上认识吸收基本流程，并通过绘制、识读、查走流程，强化对吸收基本工艺过程的记忆和理解。

【任务实施】

将学生分成小组，每组 6～8 人，以小组为单位开展如下活动。

通过对运行的吸收塔进塔、出塔气体的分析检测，会发现吸收后气体中 CO_2 含量减少了。由此引发学生思考，借助资料、自主学习、展开小组讨论。在老师引导下，从吸收分离原理、吸收基本工艺流程等方面寻找答案。

一、观察吸收装置的构成

图 2-1 为空气-二氧化碳混合物分离工艺流程。通过观察与之对应的实际装置，认识吸

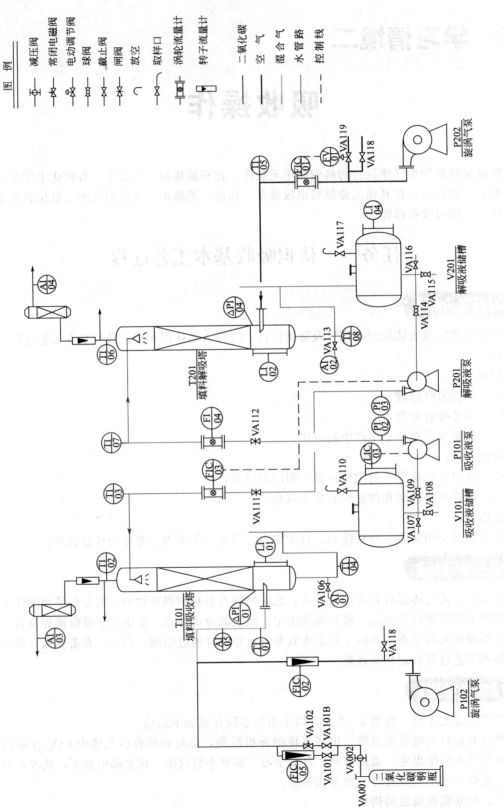

图 2-1 空气-二氧化碳混合气分离工艺流程

收塔、进料泵、储罐及管路阀门、仪表等主要设备及器件。

二、查走、叙述吸收流程

空气（载体）由旋涡气泵提供，二氧化碳（即溶质）由钢瓶提供，二者混合后从吸收塔的底部进入吸收塔向上流动通过吸收塔，与下降的水（即吸收剂）逆流接触吸收，吸收尾气一部分进入二氧化碳气体分析仪，大部分排空；吸收剂（解吸液）存储于解吸液储槽中，经解吸液泵输送至吸收塔的顶端向下流动经过吸收塔，与上升的气体逆流接触吸收其中的二氧化碳，吸收液从吸收塔底部进入吸收液储槽。

空气由旋涡气泵提供，从解吸塔的底部进入解吸塔向上流动通过解吸塔，与下降的吸收液逆流接触进行解吸，解吸尾气一部分进入二氧化碳气体分析仪，大部分排空；吸收液存储于吸收液储槽，经吸收液泵输送至解吸塔的顶端向下流动经过解吸塔，与上升的气体逆流解吸其中的溶质，解吸液从解吸塔底部进入解吸液储槽。

三、分析吸收过程

以分析单组分的等温物理吸收为重点，以便掌握最基本的原理。

气体吸收是物质自气相到液相的转移，这是一种传质过程。混合气体中某一组分能否进入溶液里，既取决于该组分的分压，也取决于溶液里该组分的平衡蒸气压。如果混合气体中该气体的分压大于溶液的平衡蒸气压，这个组分便可自气相转移至液相，即被吸收。由于转移的结果，溶液里这个组分的浓度便增高，它的平衡蒸气压也随着增高，到最后，可以增高到等于它在气相中的分压，传质过程于是停止，这时称为气液两相达到平衡。反之，如果溶液中的某一组分的平衡蒸气压大于混合气体中该组分的分压，这个组分便会从溶液中释放出来，即从液相转移到气相，这种情况称为解吸（或脱吸）。所以根据两相的平衡关系可以判断传质过程的方向与极限，而且，两相的浓度距离平衡愈远，则传质的推动力愈大，传质速率也愈大。

在此将吸收与蒸馏操作做一对比：蒸馏改变状态参数产生第二相，吸收从外界引入另一相形成两相系统；蒸馏直接获得轻、重组分，吸收混合液经脱吸才能得到较纯组分。

蒸馏中气相中重组分向液相传递，液相中轻组分向气相传递，是双相传递；吸收中溶质分子由气相向液相单相传递，惰性组分及溶剂组分处于"停滞"状态。

四、提炼并绘制吸收基本工艺流程

在对吸收过程有了基本了解后，对实际吸收装置进行简化提炼，绘制并叙述吸收基本工艺流程，强化对吸收工艺过程的理解。

【考核评价】

以小组为单位研讨，并回答考核评价表中的问题。

考核评价表

姓名：　　　　　学号：　　　　　　　组别：　　　　　班级：

任务名称	任务一　认识吸收基本工艺过程		
上课时间	第　　　周　　第　　　节		上课地点
1. 论述吸收原理。			

续表

任务名称	任务一 认识吸收基本工艺过程		
上课时间	年 月 日 第 周 第 节	上课地点	
2. 画出吸收基本工艺流程图。			
考核结果			

依据表 2-1 中考核标准，对学生进行考核。

表 2-1 考核标准

考核内容	考核方式	考核标准			
1. 吸收原理	1. 画出并论述吸收原理	很好	较好	一般	较差
		100 分	80 分	60 分	40 分
2. 吸收流程	2. 画出吸收基本工艺流程图	以图 2-1 为标准,全对为 100 分,每错一处扣 10 分			

👉【知识链接】

一、吸收原理、流程及种类

吸收是分离气体混合物的典型操作。它是利用混合气体中各组分在某液体溶剂中的溶解度不同而将气体混合物进行分离的。吸收操作所用的液体溶剂称为吸收剂；混合气体中，能够显著溶解于吸收剂的组分称为吸收物质或溶质；而几乎不被溶解的组分统称为惰性组分或载体；吸收操作所得到的溶液称为吸收液或溶液，又被称为富液；被吸收后余下的气体称为吸收尾气，其主要成分为惰性气体，但仍含有少量未被吸收的溶质。

通常吸收后的吸收液不是最终产品，需要将吸收剂与吸收质分离，溶质从吸收剂中逸出，便可得到纯度较高的吸收质，这一过程又被称为解吸或脱吸，是吸收操作的逆过程。解析后的液体是纯度较高的吸收剂，又叫贫液，可循环使用。在物理吸收操作中，吸收与解吸常是一对不可分割的、相伴的操作过程。由于逆流吸收推动力大，可以使吸收更完善。因此，吸收一般选择逆流操作，即液体在塔内自上而下流动，气体自下而上通过。其基本流程如图 2-2 所示。

工业吸收过程有多种，分类方法见表 2-2。本学习情境主要讨论双组分等温物理吸收过程。

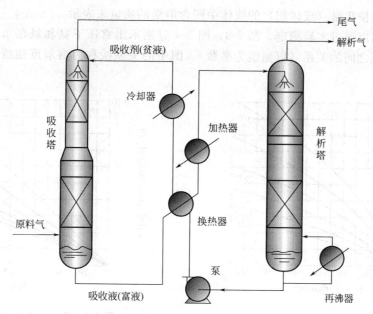

图 2-2　吸收解析基本流程图

表 2-2　吸收操作的分类

分　类		特　点
按过程有无化学反应分类	化学吸收 物理吸收	吸收过程中溶质与吸收剂之间有显著的化学反应为化学吸收;吸收过程中溶质与吸收剂之间不发生明显的化学反应为物理吸收
按操作压力分类	加压吸收 常压吸收	当操作压力增大时,溶质在吸收剂中的溶解度将随之增加
按被吸收的组分数目分类	单组分吸收 多组分吸收	若混合气体中只有一个组分(溶质)进入液相,其余组分皆可认为不溶解于吸收剂的吸收过程为单组分吸收;若混合气体中有两个或更多组分进入液相的吸收过程为多组分吸收
按吸收过程有无温度变化分类	等温吸收 非等温吸收	若吸收过程的热效应较小,或被吸收的组分在气相中浓度很低,而吸收剂用量相对较大时,温度升高不显著,则可认为是等温吸收;当气体溶解于液体时,常常伴随着热效应,当有化学反应时,还会有反应热,其结果是随吸收过程的进行,溶液温度会逐渐变化,则此过程为非等温吸收
按溶质在气液两相中的浓度分类	低浓度吸收 高浓度吸收	若溶质在气液两相中的摩尔分数均较低(通常不超过 0.1),这种吸收称为低浓度吸收;反之,则称为高浓度吸收。对于低浓度吸收过程,由于气相中溶质浓度较低,传递到液相中的溶质量相对于气、液相流率也较小,因此流经吸收塔的气、液相流率均可视为常数

二、吸收在工业生产中的应用

（1）原料气的净化　对混合气的净化或精制常采用吸收操作。如在合成氨工艺中,用碳酸钾水溶液脱除合成气中的二氧化碳。

（2）制取液态产品　液态产品有时可用吸收的方法制取。如用水吸收氯化氢气体制取盐酸等。

（3）回收混合气中有用成分　回收混合气体中的某组分通常亦采用吸收的方法。用水吸收合成氨厂放空气体中的氨;用洗油回收焦炉煤气中的粗苯。

（4）废气的净化　用碱性吸收剂除去工业尾气中含有的 SO_2、H_2S 等酸性组分。否则,若直接排入大气,会对环境造成污染。

三、吸收过程的气液相平衡关系

1. 气体在液体中的溶解度

一定温度、压力下,气体与液体接触时,溶剂中能溶解溶质的最大浓度称为平衡浓度或饱和浓度,也即气体在液体中的溶解度。溶解度表明一定条件下吸收过程可能达到的极限程度，习惯上用单位质量（或体积）的液体中所含溶质的质量来表示。

气体的溶解度通过实验测定。图 2-3、图 2-4 分别示出常压下氨和氧在水中的溶解度与其在气相的分压之间的关系（以温度为参数）。图中的关系线称为溶解度曲线。由图可得出以下结论。

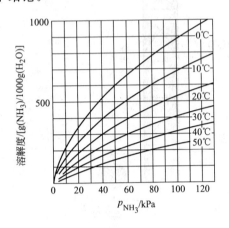

图 2-3　氨在水中的溶解度

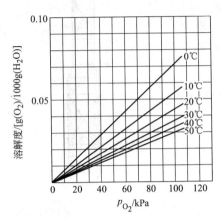

图 2-4　氧在水中的溶解度

（1）在同一溶剂（水）中，不同气体的溶解度有很大差异。例如，当温度为 20℃、气相中溶质分压为 20kPa 时，每 1000kg 水中所能溶解的氨、二氧化硫和氧的质量分别为 170kg、22kg 和 0.009kg。这表明氨易溶于水，氧难溶于水，而二氧化硫居中。

（2）同一溶质在相同的温度下，随着气体分压的提高，在液相中的溶解度加大。

例如在 10℃时，当氨在气相中的分压分别为 40kPa 和 100kPa 时，每 1000kg 水中溶解氧的质量分别为 395kg 和 680kg。

（3）同一溶质在相同的气相分压下，溶解度随温度降低而加大。例如，当氨的分压为 60kPa 时，温度从 40℃降至 10℃，每 1000kg 水中溶解的氨从 220kg 增加至 515kg。

由溶解度曲线所显示的共同规律可知：加压和降温可以提高气体的溶解度，对吸收操作有利；反之，升温和减压对脱吸操作有利。

2. 亨利定律

当总压不高时，在恒定温度下，稀溶液上方的气体溶质平衡分压与其在液相中摩尔分数成正比。这一规律被称为亨利定律。

由于组成有多种表示方法，所以亨利定律有多种表达式。

（1）以 p 及 x 表示的平衡关系　当液相组成用摩尔分数表示时，则稀溶液上方气体中溶质的分压与其在液相中的摩尔分数之间存在如下关系，即：

$$p^* = Ex \tag{2-1}$$

式中　p^*——溶质在气相中的平衡分压，kPa；

$\quad\quad x$——溶质在液相中的摩尔分数；

$\quad\quad E$——亨利系数，单位与压强单位一致，其数值随物系特性及温度而变。

（2）以 y 与 x 表示平衡关系　若溶质在气相与液相中的组成分别用摩尔分数 y 与 x 表示，亨利定律又可写成如下形式：

$$y = mx \tag{2-2}$$

式中　y——与液相成平衡的气相中溶质的摩尔分数；

$\quad\quad m$——相平衡常数，又称为分配系数，无量纲。

式(2-2) 可由式(2-1) 两边除以系统的总压 $p_{总}$ 得到，即：

$$y = \frac{p_{总}^*}{p_{总}} = \frac{E}{p_{总}} x$$

$$m = \frac{E}{p_{总}} \tag{2-3}$$

（3）以 X 及 Y 表示平衡关系 在吸收计算中，为方便起见，常采用物质的量之比 Y 与 X 分别表示气、液两相的组成。

摩尔比定义为：

$$X = \frac{液相中溶质的物质的量}{液相中溶剂的物质的量} = \frac{x}{1-x} \tag{2-4}$$

$$Y = \frac{气相中溶质的物质的量}{气相中惰性组分的物质的量} = \frac{y}{1-y} \tag{2-5}$$

由上二式可得：

$$x = \frac{X}{1+X} \tag{2-6}$$

$$y = \frac{Y}{1+Y} \tag{2-7}$$

当溶液很稀时，式(2-4) 又可近似表示为：

$$Y^* = mX \tag{2-8}$$

式(2-8) 表明，当液相中溶质含量足够低时，平衡关系在 X-Y 坐标图中也可近似地表示成一条通过原点的直线，其斜率为 m。

【例 2-1】 在总压 101.3kPa 及 30℃ 下，氨在水中的溶解度为 1.72g（NH$_3$）/100g（H$_2$O）。若氨水的气液平衡关系符合亨利定律，相平衡常数为 0.764，试求气相组成 Y。

解 先求液相组成

$$x = \frac{\dfrac{1.72}{17}}{\dfrac{1.72}{17} + \dfrac{100}{18}} = 0.0179$$

由亨利定律，求气相组成

$$y = mx = 0.764 \times 0.0179 = 0.0137$$

则

$$Y = \frac{y}{1-y} = \frac{0.0137}{1 - 0.0137} = 0.0140$$

3. 相平衡关系在吸收操作中的应用

相平衡关系在吸收操作中有下面几项应用。

（1）选择吸收剂和确定适宜的操作条件 性能优良的吸收剂和适宜的操作条件综合体现在相平衡常数 m 值上。溶剂对溶质的溶解度大，加压和降温均可使 m 值降低，有利于吸收操作。

（2）判断过程进行方向 根据气、液两相的实际组成与相应条件下平衡组成的比较，可判断过程进行的方向。

若气相的实际组成 Y 大于与液相呈平衡关系的组成 Y^*（$=mX$），则为吸收过程；反之，若 $Y^* > Y$，则为脱吸过程；$Y = Y^*$，系统处于相际平衡状态。

（3）计算过程推动力 气相或液相的实际组成与相应条件下的平衡组成的差值表示传质的推动力。对于吸收过程，传质的推动力为 $Y - Y^*$ 或 $X^* - X$。

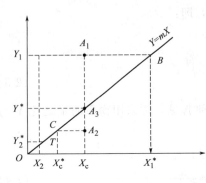

图 2-5　相平衡关系的应用

（4）确定过程进行的极限　平衡状态即过程进行的极限。对于逆流操作的吸收塔，无论吸收塔有多高，吸收利用量有多大，吸收尾气中溶质组成 Y_2 的最低极限是与入塔吸收剂组成呈平衡，即 mX_2；吸收液的最大组成 X_1 不可能高于入塔气相组成 Y_1 呈平衡的液相组成，即不高于 Y_1/m。总之，相平衡限定了被净化气体离开吸收塔的最低组成和吸收液离开塔时的最高组成。

相平衡关系在吸收操作中的应用在 Y-X 坐标图上表达更为清晰，如图 2-5 所示。

气相组成在平衡线上方（点 A_1），进行吸收过程；气相组成在平衡线下方（点 A_2），则为脱吸操作。吸收过程的推动力为 Y_1-Y^* 或 $X_1^*-X_c$，脱吸的推动力为 Y^*-Y 或 $X_c-X_c^*$。吸收液的最高组成为 X_1^*；尾气的最低组成为 Y_2^*。

任务二　认识填料吸收塔

【任务介绍】

细致观察填料吸收塔外部构件、内部构件，通过小组讨论，借助阅读相关资料和老师指导，完成对填料吸收塔的全面认识。具体目标如下。

知识目标：

（1）认识填料塔基本构造；

（2）熟悉填料种类特点。

技能目标：

（1）能区别不同类型的填料，并能说出构造特点及其作用；

（2）会正确描述填料塔内正常操作时气液流动状况；

（3）能依据物料性质、操作条件、分离工艺要求等选择填料种类。

素质目标：

培养知识应用能力、与人合作能力、安全意识、遵守纪律意识等。

【任务分析】

填料塔能为气液两相提供充分的接触时间、面积和空间，其中填料塔用于吸收操作更为常见。填料塔的种类有很多，主要区别是填料种类不同，熟悉了不同种类填料的特点，就能理解其应用场合，就会加深理解填料塔用于吸收过程的作用。

【任务实施】

以小组为单位，参观正常运行的填料吸收塔和填料。

一、观察正常运行的填料吸收塔

参观正常运行的吸收解吸装置的填料吸收塔，借助资料，并在老师指导下，能指出塔的主要构件的名称、作用；通过观察塔内气液的流动状态，分析、论述操作状态，指出有无异常操作现象。

二、观察填料塔的主要结构及塔内的气液流动

图 2-6 所示为填料塔的结构示意，填料塔是以塔内的填料作为气液两相间接触构件的传质设备。填料塔的塔身是一直立式圆筒，底部装有填料支承板，填料以乱堆或整砌的方式放置在支承板上。填料的上方安装填料压板，以防被上升气流吹动。液体从塔顶经液体分布器喷淋到填料上，在填料表面形成液膜，并沿填料表面下流。气体从塔底送入，经气体分布装置（小直径塔一般不设气体分布装置）分布后，与液体呈逆流连续通过填料层的空隙，在填料表面上，气液两相密切接触进行传质。填料塔属于连续接触式气液传质设备，两相组成沿塔高连续变化，在正常操作状态下，气相为连续相，液相为分散相。

当液体沿填料层向下流动时，有逐渐向塔壁集中的趋势，使得塔壁附近的液流量逐渐增大，这种现象称为壁流。壁流效应造成气液两相在填料层中分布不均，从而使传质效率下降。因此，当填料层较高时，需要进行分段，中间设置再分布装置。液体再分布装置包括液体收集器和液体再分布器两部分，上层填料流下的液体经液体收集器收集后，送到液体再分布器，经重新分布后喷淋到下层填料上。

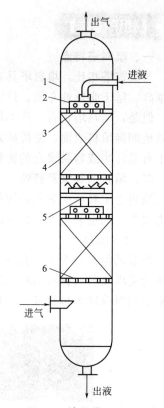

图 2-6 填料塔结构示意
1—塔体；2—液体分布器；3—填料
压紧装置；4—填料层；
5—液体再分布器；6—支承装置

【考核评价】

主要考核学生对填料基本构造及特点是否掌握，见考核评价表。

考核评价表

姓名：　　　　学号：　　　　组别：　　　　班级：

任务名称	任务二　认识填料吸收塔		
上课时间	第　　年　　月　　日 第　　周　　第　　节	上课地点	
考核内容	指出下图典型填料塔主要构件名称及填料塔特点		
结构：	特点：		
考核方式	闭卷，观察塔实物构造后回答		
考核标准	图中应标注的主要名称有 20 处，答对一处得 5 分		
考核结果			

【知识链接】

一、填料塔特点

与精馏塔相比，填料塔具有以下特点：结构简单，造价低，压力降较小，能耗低，分离效率高，适于腐蚀性介质、热敏性物料及易起泡物系的分离。

但是，填料塔也有一些不足之处，如性能好的填料往往造价高；当液体负荷较小时不能有效地润湿填料表面，使传质效率显著降低；当液体负荷过大时，则易产生液泛；不能直接用于有悬浮物或容易聚合的物料；对多侧线进料和出料的塔不太适合等。

二、填料的类型及特性

填料是填料塔中的核心构件，填料的作用就是使气液充分接触，提高传质效率。填料的种类很多，根据装填方式的不同，可分为散装填料和规整填料。

1. 散装填料

散装填料是一个个具有一定几何形状和尺寸的颗粒体，一般以随机的方式堆积在塔内，又称为乱堆填料或颗粒填料。散装填料根据结构特点不同，又可分为环形填料、鞍形填料、环鞍形填料及球形填料等。几种较为典型的散装填料如图 2-7 所示。

金属鲍尔环填料　　　　塑料鲍尔环填料　　　　改型鲍尔环填料

金属拉西环填料　　　　金属阶梯环填料　　　　塑料阶梯环

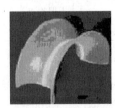

金属环矩鞍填料　　　　聚丙烯矩鞍填料　　　　聚丙烯浮球填料

瓷质弧鞍填料、鲍尔环填料　　　　多面空心球填料

图 2-7　几种典型散装填料

（1）拉西环填料 拉西环填料于1914年由拉西（F. Rashching）发明，为外径与高度相等的圆环。拉西环填料的气液分布较差，传质效率低，阻力大，通量小，目前工业上已较少应用。

（2）鲍尔环填料 鲍尔环是对拉西环的改进，在拉西环的侧壁上开出两排长方形的窗孔，被切开的环壁的一侧仍与壁面相连，另一侧向环内弯曲，形成内伸的舌叶，诸舌叶的侧边在环中心相搭。鲍尔环由于环壁开孔，大大提高了环内空间及环内表面的利用率，气流阻力小，液体分布均匀。与拉西环相比，鲍尔环的气体通量可增加50%以上，传质效率提高30%左右。鲍尔环是一种应用较广的填料。

（3）阶梯环填料 阶梯环是对鲍尔环的改进，与鲍尔环相比，阶梯环高度减少了一半并在一端增加了一个锥形翻边。由于高径比减少，使得气体绕填料外壁的平均路径大为缩短，减少了气体通过填料层的阻力。锥形翻边不仅增加了填料的机械强度，而且使填料之间由线接触为主变成以点接触为主，这样不但增加了填料间的空隙，同时成为液体沿填料表面流动的汇集分散点，可以促进液膜的表面更新，有利于传质效率的提高。阶梯环的综合性能优于鲍尔环，成为目前所使用的环形填料中最为优良的一种。

（4）弧鞍填料 弧鞍填料属鞍形填料的一种，其形状如同马鞍，一般采用瓷质材料制成。弧鞍填料的特点是表面全部敞开，不分内外，液体在表面两侧均匀流动，表面利用率高，流道呈弧形，流动阻力小。其缺点是易发生套叠，致使一部分填料表面被重合，使传质效率降低。弧鞍填料强度较差，容易破碎，工业生产中应用不多。

（5）矩鞍填料 将弧鞍填料两端的弧形面改为矩形面，且两面大小不等，即成为矩鞍填料。矩鞍填料堆积时不会套叠，液体分布较均匀。矩鞍填料一般采用瓷质材料制成，其性能优于拉西环。目前，国内绝大多数应用瓷拉西环的场合，均已被瓷矩鞍填料所取代。

（6）金属环矩鞍填料 环矩鞍填料是兼顾环形和鞍形结构特点而设计出的一种新型填料，该填料一般以金属材质制成，故又称为金属环矩鞍填料。环矩鞍填料将环形填料和鞍形填料两者的优点集于一体，其综合性能优于鲍尔环和阶梯环，在散装填料中应用较多。

（7）球形填料 球形填料一般采用塑料注塑而成，其结构有多种。球形填料的特点是球体为空心，可以允许气体、液体从其内部通过。由于球体结构的对称性，填料装填密度均匀，不易产生空穴和架桥，所以气液分散性能好。球形填料一般只适用于某些特定的场合，工程上应用较少。

除上述几种较典型的散装填料外，近年来不断有构型独特的新型填料开发出来，如共轭环填料、海尔环填料、纳特环填料等。

工业上常用的散装填料的特性数据可查有关手册。

2. 规整填料

规整填料是按一定的几何构型排列，整齐堆砌的填料。规整填料种类很多，根据其几何结构可分为格栅填料、波纹填料、脉冲填料等。图2-8所示为几种典型规整填料。

（1）格栅填料 格栅填料是以条状单元体经一定规则组合而成的，具有多种结构形式。工业上应用最早的格栅填料为木格栅填料。目前应用较为普遍的有格里奇格栅填料、网孔格栅填料、蜂窝格栅填料等，其中以格里奇格栅填料最具代表性。

格栅填料的比表面积较低，主要用于要求压降小、负荷大及防堵等场合。

（2）波纹填料 目前工业上应用的规整填料绝大部分为波纹填料，它是由许多波纹薄板组成的圆盘状填料，波纹与塔轴的倾角有30°和45°两种，组装时相邻两波纹板反向靠叠。各盘填料垂直装于塔内，相邻的两盘填料间交错90°排列。

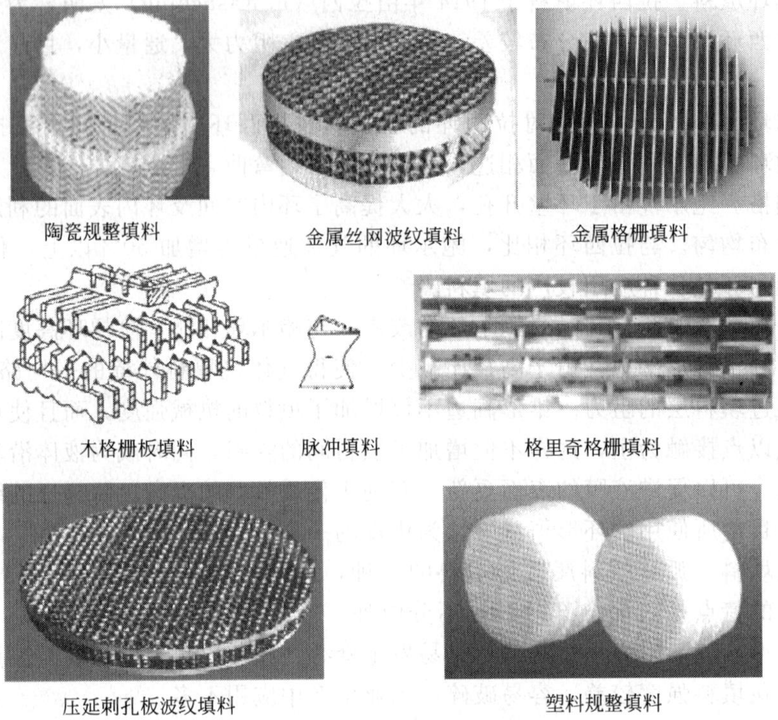

陶瓷规整填料 金属丝网波纹填料 金属格栅填料

木格栅板填料 脉冲填料 格里奇格栅填料

压延刺孔板波纹填料 塑料规整填料

图 2-8 几种典型规整填料

波纹填料按结构可分为网波纹填料和板波纹填料两大类，其材质又有金属、塑料和陶瓷等之分。

金属丝网波纹填料是网波纹填料的主要形式，它是由金属丝网制成的。金属丝网波纹填料的压降低、分离效率很高，特别适用于高效吸收，以及精密吸收及真空吸收装置，为难分离物系、热敏性物系的吸收提供了有效的手段。尽管其造价高，但因其性能优良仍得到了广泛的应用。

金属板波纹填料是板波纹填料的一种主要形式。该填料的波纹板片上冲压有许多5mm左右的小孔，可起到粗分配板片上的液体、加强横向混合的作用。波纹板片上轧成细小沟纹，可起到细分配板片上的液体、增强表面润湿性能的作用。金属孔板波纹填料强度高，耐腐蚀性强，特别适用于大直径塔及气液负荷较大的场合。

金属压延孔板波纹填料是另一种有代表性的板波纹填料。它与金属孔板波纹填料的主要区别在于板片表面不是冲压孔，而是刺孔，用辗轧方式在板片上辗出很密的孔径为 $0.4 \sim 0.5$mm 的小刺孔。其分离能力类似于网波纹填料，但抗堵能力比网波纹填料强，并且价格便宜，应用较为广泛。

波纹填料的优点是结构紧凑，阻力小，传质效率高，处理能力大，比表面积大（常用的有125、150、250、350、500、700m^2/m^3 等几种）。波纹填料的缺点是不适于处理黏度大、易聚合或有悬浮物的物料，且装卸、清理困难，造价高。

（3）脉冲填料 脉冲填料是由带缩颈的中空棱柱形个体，按一定方式拼装而成的一种规整填料。脉冲填料组装后，会形成带缩颈的多孔棱形通道，其纵面流道交替收缩和扩大，气液两相通过时产生强烈的湍动。在缩颈段，气速最高，湍动剧烈，从而强化传质。在扩大段，气速减到最小，实现两相的分离。流道收缩、扩大的交替重复，实现了"脉冲"传质过程。

脉冲填料的特点是处理量大、压降小，是真空操作的理想填料。因其优良的液体分布性能使放大效应减少，故特别适用于大塔径的场合。

工业上常用规整填料的特性参数可参阅有关手册。

三、填料的性能评价

1. 填料的几何特性

填料的几何特性数据主要包括比表面积、空隙率、填料因子等，是评价填料性能的基本参数。

（1）比表面积　单位体积填料的填料表面积称为比表面积，以 a 表示，其单位为 m^2/m^3。填料的比表面积愈大，所提供的气液传质面积愈大。因此，比表面积是评价填料性能优劣的一个重要指标。

（2）空隙率　单位体积填料中的空隙体积称为空隙率，以 e 表示，其单位为 m^3/m^3，或以％表示。填料的空隙率越大，气体通过的能力越大且压降低。因此，空隙率是评价填料性能优劣的又一重要指标。

（3）填料因子　填料的比表面积与空隙率三次方的比值，即 a/e^3，称为填料因子，以 f 表示，其单位为 m^{-1}。填料因子分为干填料因子与湿填料因子，填料未被液体润湿时的 a/e^3 称为干填料因子，它反映填料的几何特性；填料被液体润湿后，填料表面覆盖一层液膜，a 和 e 均发生相应的变化，此时的 a/e^3 称为湿填料因子，它表示填料的流体力学性能，f 值越小，表明流动阻力越小。

2. 填料的性能评价

填料性能的优劣通常根据效率、通量及压降三要素衡量。在相同的操作条件下，填料的比表面积越大，气液分布越均匀，表面的润湿性能越好，则传质效率越高；填料的空隙率越大，结构越开敞，则通量越大，压降亦越低。采用模糊数学方法对九种常用填料的性能进行了评价，得出如表 2-3 所示的结论。可看出，丝网波纹填料综合性能最好，拉西环最差。

表 2-3　九种填料综合性能评价

序号	填料名称	评估值	评价	排序
1	丝网波纹填料	0.86	很好	1
2	孔板波纹填料	0.61	相当好	2
3	金属环矩鞍填料	0.59	相当好	3
4	金属鞍形环填料	0.57	相当好	4
5	金属阶梯环填料	0.53	一般好	5
6	金属鲍尔环填料	0.51	一般好	6
7	瓷环矩鞍填料	0.41	较好	7
8	瓷鞍形环填料	0.38	略好	8
9	瓷拉西环填料	0.36	略好	9

四、填料塔的流体力学性能

填料塔的流体力学性能主要包括填料层的持液量、填料层的压降、液泛、填料表面的润湿及返混等。

1. 填料层的持液量

填料层的持液量是指在一定操作条件下，在单位体积填料层内所积存的液体体积，以 $(m^3$ 液体$)/(m^3$ 填料$)$ 表示。持液量可分为静持液量 H_s、动持液量 H_o 和总持液量 H_t。静持液量是指当填料被充分润湿后，停止气液两相进料，并经排液至无滴液流出时存留于填料层中的液体量，其取决于填料和流体的特性，与气液负荷无关。动持液量是指填料塔停止气液两相进料时流出的液体量，它与填料、液体特性及气液负荷有关。总持液量是指在一定操作条件下存留于填料层中的液体总量。显然，总持液量为静持液量和动持液量之和，即

$$H_t = H_s + H_o \tag{2-9}$$

填料层的持液量可由实验测出，也可由经验公式计算。一般来说，适当的持液量对填料塔操作的稳定性和传质是有益的，但持液量过大，将减少填料层的空隙和气相流通截面，使压降增大，处理能力下降。

2. 填料层的压降

在逆流操作的填料塔中，从塔顶喷淋下来的液体，依靠重力在填料表面成膜状向下流动，上升气体与下降液膜的摩擦阻力形成了填料层的压降。填料层压降与液体喷淋量及气速有关，在一定的气速下，液体喷淋量越大，压降越大；在一定的液体喷淋量下，气速越大，压降也越大。将不同液体喷淋量下的单位填料层的压降 $\dfrac{\Delta p}{Z}$ 与空塔气速 u 的关系标绘在对数坐标纸上，可得到如图 2-9 所示的曲线簇。

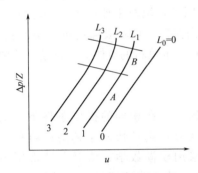

图 2-9 填料层 $\Delta p/Z$-u 关系

在图 2-9 中，直线 0 表示无液体喷淋（$L=0$）时，干填料的 $\Delta p/Z$-u 关系，称为干填料压降线。曲线 1、2、3 表示不同液体喷淋量下，填料层的 $\Delta p/Z$-u 关系，称为填料操作压降线。

从图中可看出，在一定的喷淋量下，压降随空塔气速的变化曲线大致可分为三段：当气速低于 A 点时，气体流动对液膜的曳力很小，液体流动不受气流的影响，填料表面上覆盖的液膜厚度基本不变，因而填料层的持液量不变，该区域称为恒持液量区。此时 $\Delta p/Z$-u 为一直线，位于干填料压降线的左侧，且基本上与干填料压降线平行。当气速超过 A 点时，气体对液膜的曳力较大，对液膜流动产生阻滞作用，使液膜增厚，填料层的持液量随气速的增加而增大，此现象称为拦液。开始发生拦液现象时的空塔气速称为载点气速，曲线上的转折点 A，称为载点。若气速继续增大，到达图中 B 点时，由于液体不能顺利向下流动，使填料层的持液量不断增大，填料层内几乎充满液体。气速增加很小便会引起压降的剧增，此现象称为液泛，开始发生液泛现象时的气速称为泛点气速，以 u_F 表示，曲线上的点 B，称为泛点。从载点到泛点的区域称为载液区，泛点以上的区域称为液泛区。

应予指出，在同样的气液负荷下，不同填料的 $\Delta p/Z$-u 关系曲线有所差异，但其基本形状相近。对于某些填料，载点与泛点并不明显，故上述三个区域间无截然的界限。

3. 液泛

在泛点气速下，持液量的增多使液相由分散相变为连续相，而气相则由连续相变为分散相，此时气体呈气泡形式通过液层，气流出现脉动，液体被大量带出塔顶，塔的操作极不稳定，甚至会被破坏，此种情况称为淹塔或液泛。影响液泛的因素很多，如填料的特性、流体

的物性及操作的液气比等。

填料特性的影响集中体现在填料因子上。填料因子值过大，则易发生液泛现象。

流体物性的影响体现在气体密度、液体密度和黏度上。气体密度越小，液体的密度越大、黏度越小，则泛点气速越大，越不易发生液泛现象。

操作的液气比愈大，填料层的持液量增加而空隙率减小，故泛点气速愈小。

4. 液体喷淋密度和填料表面的润湿

填料塔中气液两相间的传质主要是在填料表面流动的液膜上进行的。要形成液膜，填料表面必须被液体充分润湿，而填料表面的润湿状况取决于塔内的液体喷淋密度及填料材质的表面润湿性能。

液体喷淋密度是指单位塔截面积上，单位时间内喷淋的液体体积，以 U 表示，单位为 $m^3/(m^2 \cdot h)$。为保证填料层的充分润湿，必须保证液体喷淋密度大于某一极限值，该极限值称为最小喷淋密度，以 U_{min} 表示。最小喷淋密度通常采用下式计算，即

$$U_{min} = (L_w)_{min} a \qquad (2\text{-}10)$$

式中　U_{min}——最小喷淋密度，$m^3/(m^2 \cdot h)$；

　　$(L_w)_{min}$——最小润湿速率，$m^3/(m \cdot h)$；

　　　a——填料的比表面积，m^2/m^3。

最小润湿速率是指在塔的截面上，单位长度的填料周边的最小液体体积流量。其值可由经验公式计算，也可采用经验值。对于直径不超过 75mm 的散装填料，可取最小润湿速率 $(L_w)_{min}$ 为 $0.08m^3/(m \cdot h)$；对于直径大于 75mm 的散装填料，取 $(L_w)_{min} = 0.12m^3/(m \cdot h)$。

填料表面润湿性能与填料的材质有关，就常用的陶瓷、金属、塑料三种材质而言，以陶瓷填料的润湿性能最好，塑料填料的润湿性能最差。

实际操作时采用的液体喷淋密度应大于最小喷淋密度。若喷淋密度过小，可采用增大回流比或采用液体再循环的方法加大液体流量，以保证填料表面的充分润湿；也可采用减小塔径予以补偿；对于金属、塑料材质的填料，可采用表面处理方法，改善其表面的润湿性能。

5. 返混

在填料塔内，气液两相的逆流并不呈理想的活塞流状态，而是存在着不同程度的返混。造成返混现象的原因很多，如：填料层内的气液分布不均；气体和液体在填料层内的沟流；液体喷淋密度过大时所造成的气体局部向下运动；塔内气液的湍流脉动使气液微团停留时间不一致等。填料塔内流体的返混使得传质平均推动力变小，传质效率降低。因此，按理想的活塞流设计的填料层高度，因返混的影响需适当加高，以保证预期的分离效果。

五、填料的选择

填料的选择包括确定填料的种类、规格及材质等。所选填料既要满足生产工艺的要求，又要使设备投资和操作费用最低。

1. 填料种类的选择

填料种类的选择要考虑分离工艺的要求，通常考虑以下几个方面。

（1）传质效率要高。一般而言，规整填料的传质效率高于散装填料。

（2）通量要大。在保证具有较高传质效率的前提下，应选择具有较高泛点气速或气相动能因子的填料。

（3）填料层的压降要低。

（4）填料抗污堵性能强，拆装、检修方便。

2. 填料规格的选择

填料规格是指填料的公称尺寸或比表面积。

（1）散装填料规格的选择 工业塔常用的散装填料主要有 DN16、DN25、DN38、DN50、DN76 等几种规格。同类填料，尺寸越小，分离效率越高，但阻力增加、通量减少，填料费用也增加很多。而大尺寸的填料应用于小直径塔中，又会产生液体分布不良及严重的壁流，使塔的分离效率降低。因此，对塔径与填料尺寸的比值要有一规定，一般塔径与填料公称直径的比值 D/d 应大于 8。

（2）规整填料规格的选择 工业上常用规整填料的型号和规格的表示方法很多，国内习惯用比表面积表示，主要有 $125m^2/m^3$、$150m^2/m^3$、$250m^2/m^3$、$350m^2/m^3$、$500m^2/m^3$、$700m^2/m^3$ 等几种规格，同种类型的规整填料，其比表面积越大，传质效率越高，但阻力增加，通量减少，填料费用也明显增加。选用时应从分离要求、通量要求、场地条件、物料性质及设备投资、操作费用等方面综合考虑，使所选填料既能满足技术要求，又具有经济合理性。

应予指出，一座填料塔可以选用同种类型，同一规格的填料，也可选用同种类型不同规格的填料；可以选用同种类型的填料，也可以选用不同类型的填料；有的塔段可选用规整填料，而有的塔段可选用散装填料。设计时应灵活掌握，根据技术经济统一的原则来选择填料的规格。

3. 填料材质的选择

填料的材质分为陶瓷、金属和塑料三大类。

（1）陶瓷填料 陶瓷填料具有很好的耐腐蚀性及耐热性，陶瓷填料价格便宜，具有很好的表面润湿性能，质脆、易碎是其最大缺点。在气体吸收、气体洗涤、液体吸收等过程中应用较为普遍。

需要说明一下，像陶瓷这类质脆、易碎的填料，在堆放时为防止破碎，有时需先将塔内注水后再装填。

（2）金属填料 金属填料可用多种材质制成，选择时主要考虑腐蚀问题。碳钢填料造价低，且具有良好的表面润湿性能，对于无腐蚀或低腐蚀性物系应优先考虑使用；不锈钢填料耐腐蚀性强，一般能耐除 Cl^- 以外常见物系的腐蚀，但其造价较高，且表面润湿性能较差，在某些特殊场合（如极低喷淋密度下的减压吸收过程），需对其表面进行处理，才能取得良好的使用效果；钛材、特种合金钢等材质制成的填料造价很高，一般只在某些腐蚀性极强的物系下使用。

一般来说，金属填料可制成薄壁结构，它的通量大、气体阻力小，且具有很高的抗冲击性能，能在高温、高压、高冲击强度下使用，应用范围最为广泛。

（3）塑料填料 塑料填料的材质主要包括聚丙烯（PP）、聚乙烯（PE）及聚氯乙烯（PVC）等，国内一般多采用聚丙烯材质。塑料填料的耐腐蚀性能较好，可耐一般的无机酸、碱和有机溶剂的腐蚀。其耐温性良好，可长期在 100℃ 以下使用。

塑料填料质轻、价廉，具有良好的韧性，耐冲击、不易碎，可以制成薄壁结构。它的通量大、压降低。塑料填料的缺点是表面润湿性能差，但可通过适当的表面处理来改善其表面润湿性能。

任务三　吸收塔开车仿真操作

【任务介绍】

本任务是利用吸收塔仿真操作软件，训练吸收塔冷态开车操作。具体目标如下。

知识目标：

（1）掌握吸收物料衡算；

（2）熟悉吸收热量衡算方法；

（3）掌握吸收开车一般原则。

技能目标：

（1）会用物料平衡、热量平衡知识分析二者对操作的影响；

（2）能正确进行吸收塔开车操作。

素质目标：

培养知识应用能力、分析问题能力、自学能力、遵守纪律意识等。

【任务分析】

吸收塔的冷态开车操作平稳与否、用时多少、费用高低等，都是衡量操作技能好坏的重要指标，而要使操作达到最佳状态，除反复训练，熟能生巧以外，还需有相关理论知识做指导，否则不仅事倍功半，甚至出现安全事故。

【任务实施】

一、熟悉工艺过程

本仿真操作工艺流程图见图 2-10。

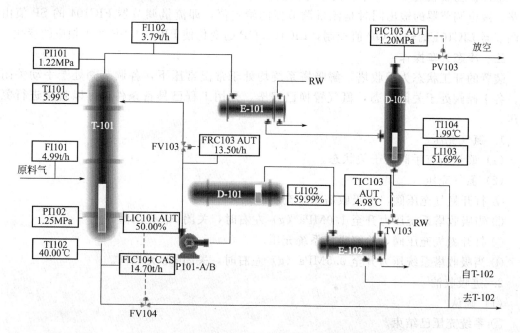

图 2-10　C_6 油吸收气体混合物中的 C_4 组分工艺流程

从界区外来的富气从底部进入吸收塔 T-101。界区外来的纯 C_6 油吸收剂储存于 C_6 油储罐 D-101 中，由 C_6 油泵 P-101A/B 送入吸收塔 T-101 的顶部，C_6 流量由 FRC103 控制。吸收剂 C_6 油在吸收塔 T-101 中自上而下与富气逆向接触，富气中 C_4 组分被溶解在 C_6 油中。不溶解的贫气自 T-101 顶部排出，经盐水冷却器 E-101 被 -4℃ 的盐水冷却至 2℃ 进入尾气分离罐 D-102。吸收了 C_4 组分的富油（C_4：8.2%，C_6：91.8%）从吸收塔底部排出，经贫富油换热器 E-103 预热至 80℃ 进入解吸塔 T-102。吸收塔塔釜液位由 LIC101 和 FIC104 通过调节塔釜富油采出量串级控制。

来自吸收塔顶部的贫气在尾气分离罐 D-102 中回收冷凝的 C_4，C_6 后，不凝气在 D-102 压力控制器 PIC103（1.2MPa）控制下排入放空总管进入大气。回收的冷凝液（C_4，C_6）与吸收塔釜排出的富油一起进入解吸塔 T-102。

预热后的富油进入解吸塔 T-102 进行解吸分离。塔顶气相出料（C_4：95%）经全冷器 E-104 换热降温至 40℃ 全部冷凝进入塔顶回流罐 D-103，其中一部分冷凝液由 P-102A/B 泵打回流至解吸塔顶部，回流量 8.0T/h，由 FIC106 控制，其他部分作为 C_4 产品在液位控制（LIC105）下由 P-102A/B 泵抽出。塔釜 C_6 油在液位控制（LIC104）下，经贫富油换热器 E-103 和盐水冷却器 E-102 降温至 5℃ 返回至 C_6 油储罐 D-101 再利用，返回温度由温度控制器 TIC103 通过调节 E-102 循环冷却水流量控制。

二、本单元复杂控制方案说明

吸收解吸单元复杂控制回路主要是串级回路的使用，在吸收塔、解吸塔和产品罐中都使用了液位与流量串级回路。

串级回路是在简单调节系统基础上发展起来的。在结构上，串级回路调节系统有两个闭合回路。主、副调节器串联，主调节器的输出为副调节器的给定值，系统通过副调节器的输出操纵调节阀动作，实现对主参数的定值调节。所以在串级回路调节系统中，主回路是定值调节系统，副回路是随动系统。

举例：在吸收塔 T-101 中，为了保证液位的稳定，有一塔釜液位与塔釜出料组成的串级回路。液位调节器的输出同时是流量调节器的给定值，即流量调节器 FIC104 的 SP 值由液位调节器 LIC101 的输出 OP 值控制，LIC101.OP 的变化使 FIC104.SP 产生相应的变化。

三、冷态开车操作

装置的开工状态为吸收塔、解吸塔系统均处于常温常压下，各调节阀处于手动关闭状态，各手操阀处于关闭状态，氮气置换已完毕，公用工程已具备条件，可以直接进行氮气充压。

1. 氮气充压

（1）确认所有手阀处于关状态。

（2）氮气充压

① 打开氮气充压阀，给吸收塔系统充压。

② 当吸收塔系统压力升至 1.0MPa（g）左右时，关闭 N_2 充压阀。

③ 打开氮气充压阀，给解吸塔系统充压。

④ 当吸收塔系统压力升至 0.5MPa（g）左右时，关闭 N_2 充压阀。

2. 进吸收油

（1）确认

① 系统充压已结束。

② 所有手阀处于关状态。

（2）吸收塔系统进吸收油

① 打开引油阀 V9 至开度 50％左右，给 C_6 油储罐 D-101 充 C_6 油至液位 50％以上。

② 打开 C_6 油泵 P-101A（或 B）的入口阀，启动 P-101A（或 B）。

③ 打开 P-101A（或 B）出口阀，手动打开 FV103 阀至 30％左右给吸收塔 T-101 充液至 50％。充油过程中注意观察 D-101 液位，必要时给 D-101 补充新油。

（3）解吸塔系统进吸收油

① 手动打开调节阀 FV104 开度至 50％左右，给解吸塔 T-102 进吸收油至液位 50％。

② 给 T-102 进油时注意给 T-101 和 D-101 补充新油，以保证 D-101 和 T-101 的液位均不低于 50％。

3．C_6 油冷循环

（1）确认

① 储罐、吸收塔、解吸塔液位 50％左右。

② 吸收塔系统与解吸塔系统保持合适压差。

（2）建立冷循环

① 手动逐渐打开调节阀 LV104，向 D-101 倒油。

② 当向 D-101 倒油时，同时逐渐调整 FV104，以保持 T-102 液位在 50％左右，将 LIC104 设定在 50％投自动。

③ 由 T-101 至 T-102 油循环时，手动调节 FV103 以保持 T-101 液位在 50％左右，将 LIC101 设定在 50％投自动。

④ 手动调节 FV103，使 FRC103 保持在 13.50t/h，投自动，冷循环 10min。

4．T-102 回流罐 D-103 灌 C_4

打开 V21 向 D-103 灌 C_4 至液位为 40％。

5．C_6 油热循环

（1）确认

① 冷循环过程已经结束。

② D-103 液位已建立。

（2）T-102 再沸器投用

① 设定 TIC103 于 5℃，投自动。

② 手动打开 PV105 至 70％。

③ 手动打开 FV108 至 50％。

④ 调节 PV104，控制塔压在 0.5MPa。

（3）建立 T-102 回流

① 随着 T-102 塔釜温度 TIC107 逐渐升高，C_6 油开始汽化，并在 E-104 中冷凝至回流罐 D-103。

② 当塔顶温度高于 45℃时，打开 P-102A/B 泵的入出口阀 VI25/27、VI26/28，打开 FV106 的前后阀，手动打开 FV106 至合适开度，维持塔顶温度高于 51℃。

③ 当 TIC107 温度指示达到 102℃时，将 TIC107 设定在 102℃投自动，TIC107 和 FIC108 投串级。

④ 热循环 10min。

6．进富气

（1）确认 C_6 油热循环已经建立。

（2）进富气

① 打开 V4 阀，启用冷凝器 E-101。

② 逐渐打开富气进料阀 V1，开始富气进料。

③ 随着 T-101 富气进料，塔压升高，手动调节 PIC103 使压力恒定在 1.2MPa（表）。当富气进料达到正常值后，设定 PIC103 于 1.2MPa（表），投自动。

④ 当吸收了 C_4 的富油进入解吸塔后，塔压将逐渐升高，手动调节 PIC105，维持 PIC105 在 0.5MPa（表），稳定后投自动。

⑤ PV104 投自动，设定为 0.55。

⑥ 当 T-102 温度，压力控制稳定后，手动调节 FIC106 使回流量达到正常值 8.0t/h，投自动。

⑦ 观察 D-103 液位，液位高于 50 时，打开 LIV105 的前后阀，手动调节 LIC105 维持液位在 50%，投自动。

⑧ 将所有操作指标逐渐调整到正常状态。

【考核评价】

考核方式：仿真操作。

考核标准：由仿真操作软件自带，考核与操作同步，操作步骤和操作质量同时考核（详见操作软件）。

【知识链接】

一、物料衡算

图 2-11 所示为一个稳定操作下的逆流接触吸收塔。图中各符号意义如下：

V——单位时间通过吸收塔的惰性气体量，kmol（B）/s；

L——单位时间通过吸收塔的吸收剂量，kmol（S）/s；

Y_1、Y_2——进、出塔气体中溶质与惰性组分的摩尔比，kmol（A）/kmol（B）；

X_1、X_2——出塔和进塔液体中溶质组分与溶剂的摩尔比，kmol（A）/kmol（S）。

稳定操作时，单位时间进塔物料中溶质 A 的量等于出塔物料中 A 的量。或气相中溶质

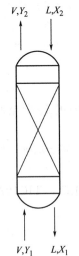

A 减少的量等于液相中溶质增加的量，即

$$VY_1 + LX_2 = VY_2 + LX_1$$

或

$$V(Y_1 - Y_2) = L(X_1 - X_2)$$

混合气体中溶质 A 被吸收的百分率，称为吸收率或回收率，即

$$\eta = \frac{VY_1 - VY_2}{VY_1} = \frac{Y_1 - Y_2}{Y_1} = 1 - \frac{Y_2}{Y_1} \tag{2-11}$$

若已知吸收率，则

$$Y_2 = (1 - \eta)Y_1$$

吸收液浓度为

$$X_1 = \frac{V}{L}(Y_1 - Y_2) + X_2 \tag{2-12}$$

二、操作线方程与操作线

反映塔内任一截面上气相组成 Y 和液相组成 X 之间关系的方程，

图 2-11 逆流吸收塔 称为操作线方程。可由物料衡算得出。

如图 2-12 所示，从塔底与任意截面 m—n 间对溶质组分作物料衡算，得

$$VY_1 + LX = VY + LX_1$$

整理得

$$Y = \frac{L}{V}X + \left(Y_1 - \frac{L}{V}X_1\right) \tag{2-13}$$

同理，从塔顶与任意截面 m—n 间对溶质组分作物料衡算，也会得

$$VY + LX_2 = VY_2 + LX$$

整理得

$$Y = \frac{L}{V}X + \left(Y_2 - \frac{L}{V}X_2\right) \tag{2-14}$$

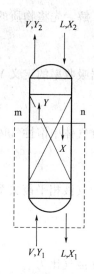

图 2-12 吸收塔底

式（2-13）和式（2-14）均为吸收塔的操作线方程。由于稳定操作时，L、V、Y_1、Y_2、X_1、X_2 都是定值，因此塔内任一截面上逆流吸收塔操作线方程所表示的气、液两相组成之间关系是一直线关系，L/V 是该直线斜率。在 Y 与 X 的关系图中，塔顶 A（X_2、Y_2）与塔底 B（X_1、Y_1）的连线即为吸收操作线。见图 2-13。曲线 OE 为平衡线。

三、适宜吸收剂用量的计算

液气比 $\frac{L}{V}$ 是吸收计算中的重要参数。操作线斜率随液气比的减小而减小，操作线向平衡线靠近，导致传质推动力减小，完成相分离所需填料层高度或理论塔板数增大，即填料层增高。当 $\frac{L}{V}$ 减小至操作线与平衡线相交时，如图 2-13 所示 B' 点。相交处传质推动力为零，所需填料层将为无穷高或理论塔无穷多。称此时相应的液气比为最小液气比 $\left(\frac{L}{V}\right)_{\min}$。读出 B' 的横坐标 X_1^* 的值，用下式计算最小液气比：

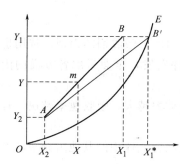

图 2-13 逆流吸收塔

$$\left(\frac{L}{V}\right)_{\min} = \frac{Y_1 - Y_2}{X_1^* - X_2} \tag{2-15}$$

对于低浓度气体的萃取，平衡曲线 OE 是直线，可用 $Y = mX$ 表示，则直接用下式计算最小液气比，即

$$\left(\frac{L}{V}\right)_{\min} = \frac{Y_1 - Y_2}{\dfrac{Y_1}{m} - X_2} \tag{2-16}$$

实际适宜液气比，应通过经济核算来确定。即设备费用和操作费用之和最小时的液气比，为选择的适宜液气比。根据经验数据统计，一般情况下取吸收剂用量为最小用量的 1.1～2.0 倍是比较适宜的，即

$$\frac{L}{V} = (1.1 \sim 2)\left(\frac{L}{V}\right)_{\min}$$

或适宜吸收剂用量

$$L = (1.1 \sim 2)L_{\min} \tag{2-17}$$

【例 2-2】 在一填料塔中，用洗油逆流吸收混合气体中的苯。已知混合气体的流量为 1600m³/h，进塔气体中含苯 5%（摩尔分数，下同），要求吸收率为 90%，操作温度为 25℃，压力为 101.3kPa，洗油进塔浓度为 0.00015，相平衡关系为 $Y^* = 26X$，操作液气比为最小液气比的 1.3 倍。试求吸收剂用量及出塔洗油中苯的含量。

解 先将物质的量分数换算为摩尔比

$$y_1 = 0.05 \qquad Y_1 = \frac{y_1}{1-y_1} = \frac{0.05}{1-0.05} = 0.0526$$

根据吸收率的定义 $Y_2 = Y_1(1-\eta) = 0.0526 \times (1-0.90) = 0.00526$

$$x_2 = 0.00015 \qquad X_2 = \frac{x_2}{1-x_2} = \frac{0.00015}{1-0.00015} = 0.00015$$

混合气体中惰性气体量为

$$V = \frac{1600}{22.4} \times \frac{273}{273+25} \times (1-0.05) = 62.2 \ (\text{kmol/h})$$

由于气液相平衡关系 $Y^* = 26X$，则

$$\left(\frac{L}{V}\right)_{\min} = \frac{Y_1 - Y_2}{\dfrac{Y_1}{m} - X_2} = \frac{0.0526 - 0.00526}{\dfrac{0.0526}{26} - 0.00015} = 25.3$$

实际液气比为

$$\frac{L}{V} = 1.3 \times \left(\frac{L}{V}\right)_{\min} = 1.3 \times 25.3 = 32.9 \qquad L = 32.9V = 32.9 \times 62.2 = 2.05 \times 10^3 \ (\text{kmol/h})$$

出塔洗油苯的含量为

$$X_1 = \frac{V(Y_1 - Y_2)}{L} + X_2 = \frac{62.2}{2.05 \times 10^3} \times (0.0526 - 0.00526) + 0.00015$$
$$= 1.59 \times 10^{-3} \ [\text{kmol(A)/kmol(S)}]$$

四、吸收剂的性能

吸收剂的性能不同，吸收效果、生产成本等差别会很大，因此，吸收剂的识别、选用也是吸收过程非常关键的一环。一般应从生产的具体要求和条件出发，全面考虑各方面的因素，作出经济合理的选择。通常主要考虑以下几点。

（1）溶解度 吸收剂对溶质组分的溶解度越大，则传质推动力越大，吸收速率越快，且吸收剂的耗用量越少。

（2）选择性 吸收剂应对溶质组分有较大的溶解度，而对混合气体中的其他组分溶解度要小，否则不能实现有效的分离。

（3）挥发度 在操作温度下，吸收剂的蒸气压要低，即挥发度要小，以减少吸收剂的损失量。

（4）黏度 吸收剂在操作温度下的黏度越低，其在塔内的流动阻力越小，同时吸收剂黏度低，吸收质在液体中的扩散阻力小，吸收速率高。

（5）其他 所选用的吸收剂应容易解吸，尽可能无毒性、无腐蚀性、不易燃易爆、不发泡、化学性质稳定好、价廉易得等。

任务四　吸收塔平稳调控仿真操作

【任务介绍】

在产品质量能得到保证的前提下，对液位、流量、温度、压力等工艺参数进行调控，使之达到最佳值，装置运行平稳、经济。具体目标如下。

知识目标：

（1）理解影响吸收平稳运行的因素；

（2）理解吸收平稳操作的一般原则。

技能目标：

会运用影响相关知识指导吸收操作，有效控制吸收塔平稳运行。

素质目标：

培养知识应用能力、分析能力、自学能力等。

【任务分析】

吸收塔的操作平稳与否、费用高低等，都是衡量操作技能好坏的重要指标，而要使操作达到最佳状态，除反复训练、熟能生巧以外，还需有相关理论知识做指导，否则不仅事倍功半，甚至出现安全事故。

【任务实施】

一、熟悉正常工况操作参数

（1）T-101 液位 LIC101 维持在 50％左右。

（2）D-101 液位 LI102 维持在 60％左右。

（3）T-102 液位 LIC104 维持在 50％左右。

（4）D-103 液位 LIC105 维持在 50％左右。

（5）T-101 塔顶压力 PI101 维持在 1.22MPa 左右。

（6）D-102 塔顶压力 PI103 维持在 1.2MPa 左右。

（7）T-102 塔顶压力 PI105 维持在 0.5MPa 左右。

（8）E-102 热物流出口温度 TIC103 维持在 5℃。

（9）T-102 塔顶温度 TI106 维持在 51℃。

（10）T-102 塔釜温度 TIC107 维持在 102℃。

（11）T-101 原料气流量 FI101 维持在 5t/h 左右。

（12）T-101 回流量 FRC103 维持在 13.5t/h。

（13）T-101 塔釜出口流量 FIC104 维持在 14.7t/h 左右。

（14）T-102 回流量 FIC106 维持在 8t/h 左右。

二、补充新油

因为塔顶 C_4 产品中含有部分 C_6 油及其他 C_6 油损失，所以随着生产的进行，要定期观察 C_6 油储罐 D-101 的液位，使其保持在 60％左右。否则打开阀 V9 补充新鲜的 C_6 油。

三、D-102 排液

生产过程中贫气中的少量 C_4 和 C_6 组分积累于尾气分离罐 D-102 中，定期观察 D-102 的液位，当液位高于 70％时，打开阀 V7 将凝液排放至解吸塔 T-102 中。

四、T-102 塔压控制

正常情况下 T-102 的压力由 PIC105 通过调节 E-104 的冷却水流量控制。生产过程中会有少量不凝气积累于回流罐 D-103 中使解吸塔系统压力升高，这时 T-102 顶部压力超高保护控制器 PIC104 会自动控制排放不凝气，维持压力不会超高。必要时可手动打开 PV104 至开度 1％～3％来调节压力。

【考核评价】

考核方式：仿真操作。

考核标准：由仿真操作软件自带，考核与操作同步，操作步骤和操作质量同时考核（详见操作软件）。

👉【知识链接】

一、影响吸收稳定操作的主要因素

吸收的好坏，不仅与吸收塔的结构、尺寸有关，还与吸收时的操作条件有关。影响吸收操作的因素有温度、压力、气液相的流量及组成等。

1. 温度

吸收操作温度对吸收速率有很大影响。温度越低，气体溶解度越大，传质推动力越大，吸收速率越高，吸收率越高；反之，温度越高，吸收率下降，将不利于吸收操作。

吸收操作温度主要由吸收剂的入塔温度来调节控制，吸收剂的入塔温度对吸收过程影响甚大，是控制和调节吸收操作的一个重要因素。由于气体吸收大多数是放热过程，当热效应较大时，吸收剂在塔内由塔顶流到塔底的过程中，温度会有较大的升高。所以必须控制吸收剂的入塔温度，尤其当吸收剂循环使用时，再次进入吸收塔之前，必须经过冷却器用冷却剂（如冷却水或冷冻盐水等）将其冷却，吸收剂的温度可通过调节冷却剂的流量来调节。

虽然降低吸收剂温度，有利于提高吸收率，但是吸收剂的温度也不能过低，一方面，因为温度过低就要过多地消耗冷却剂用量，使操作费用增加；另一方面，液体温度过低，会使黏度增大，造成阻力损失增大，并且液体在塔内流动不畅，会影响传质。所以吸收剂温度的调节要综合考虑。

2. 压力

对于比较难溶的气体（如 CO_2），提高操作压力有利于吸收的进行。一方面加压可以增加吸收推动力，提高气体吸收率；另一方面能增加溶液的吸收能力，减少吸收剂的用量。但加压吸收需要配置压缩机和耐压设备，设备费和操作费都比较高。所以对于一般的吸收系统，是否采用加压，要全面考虑。多数情况下，塔的压力很少是可调的，一般在操作中主要是维持塔压，使之不要降低。

3. 塔内气体流速

气体流速会直接影响吸收过程，气体流速很低时，会使填料层持液量太少，两相传质主要靠分子扩散传质，吸收速率很低，分离效果差。气体流速大，增大了气液两相的湍动程度，使气、液膜变薄，减少了气体向液体扩散的阻力，有利于气体的吸收，也提高了吸收塔的生产能力。但气体流速过大时，液体不能顺畅向下流动，造成气液接触不良、雾沫夹带，甚至造成液泛现象，分离效果下降。因此，要选择一个最佳的气体流速，保证吸收操作高效、稳定地进行。稳定操作流速，是吸收高效、平稳操作的可靠保证。

4. 吸收剂流量

吸收剂流量对吸收率的影响很大，改变吸收剂流量是吸收过程进行调节的最常用方法。如果吸收剂流量过小，填料表面润湿不充分，造成气液两相接触不良，尾气浓度会明显增大，吸收率下降。增大吸收剂流量，吸收速率增大，溶质吸收量增加，气体的出口浓度减小，吸收率增大，即增大吸收剂流量对吸收分离是有利的。当在操作中发现吸收塔中尾气的浓度增大，或进气量增大，应增大吸收剂流量，但绝不能误认为吸收剂流量越大越好，因为增大吸收剂量就增大了操作费用，并且当塔底液体作为产品时还会影响产品浓度，而且吸收剂用量的增大有时要受到吸收塔内流体力学性能的制约（如流量过大会引起压降增大，甚至造成液泛等）。因此需要全面地权衡相应的指标。

5. 吸收剂进口浓度

吸收剂进口浓度是控制和调节吸收操作的又一个重要因素。降低吸收剂进口浓度，液相进口处的推动力增大，全塔平均推动力也随之增大，而有利于气体出口浓度的降低和吸收率的提高。采用纯吸收剂，溶质浓度为0，有利于吸收操作。但若是解吸后贫液，则会增加解吸操作费用。

总之，在吸收操作中根据组成的变化和生产负荷的波动，及时进行工艺调整，发现问题及时解决，是吸收操作中不可缺少的工作。

二、平稳调控原则

正常操作中要注意避免液泛的出现。当操作负荷（特别是气体负荷）大幅度波动或溶液起泡后，气体夹带雾沫过多，严重的就会造成液泛。操作中判断液泛的方法通常是观察塔体的液位，操作中溶液量正常而塔体液位下降，或者气体流量没变而塔的压差升高，都可能是液泛发生的前兆。防止液泛发生的措施是严格控制工艺参数；保持系统操作平衡，尽量减轻负荷波动，使工艺变化在装置许可的范围内；及时发现、正确判断、及时解决生产中出现的问题。

任务五　吸收塔停车操作与故障处理仿真操作

【任务介绍】

完成吸收塔的正常停车操作；正确处理吸收塔操作常见的故障。具体目标如下。

知识目标：

（1）理解停车一般原则，理解影响吸收平稳运行的因素；

（2）熟悉操作异常或故障的分析与处理方法。

技能目标：

（1）掌握停车操作步骤；

（2）会分析造成操作异常的原因，并能正确处理。

素质目标：

培养知识应用能力、分析处理问题能力、自学能力等。

【任务分析】

吸收塔的停车，可分为临时停车和长期停车。临时停车多为出现突发情况采取的停车措施，待情况好转或正常后，再进行热态开车，操作能在较短时间内恢复正常。长期停车通常是停产或装置大修的需要，有计划进行的停车操作，物料全部排出，最终使装置处在冷态开车前的状态。两种不同的停车，要求不同、操作不同。

吸收过程可能出现的异常情况和故障很多，但常见的有塔压过高或过低、温度异常、冷凝水中断、停电、泵坏、阀卡等，通过训练，掌握分析判断方法，正确排除异常现象或故障。

【任务实施】

一、停车操作规程

本操作规程仅供参考，详细操作以评分系统为准。

1. 停富气进料

（1）关富气进料阀 V1，停富气进料。

（2）富气进料中断后，T-101 塔压会降低，手动调节 PIC103，维持 T-101 压力＞1.0MPa（表）。

（3）关闭调节阀 LV105。

（4）动调节 PIC104 维持 T-102 塔压力在 0.20MPa（表）左右。

（5）维持 T-101→T-102→D-101 的 C_6 油循环。

2. 停吸收塔系统

（1）停 C_6 油进料

① 停 C_6 油泵 P-101A/B。

② 关闭 P-101A/B 入出口阀。

③ FRC103 置手动，关 FV103 前后阀。

④ 手动关 FV103 阀，停 T-101 油进料。

此时应注意保持 T-101 的压力（≥1.1MPa），压力低时可用 N_2 充压，否则 T-101 塔釜 C_6 油无法排出。

（2）吸收塔系统泄油

① LIC101 和 FIC104 置手动，FV104 开度保持 50%，向 T-102 泄油。

② 当 LIC101 液位降至 0% 时，关闭 FV104。

③ 打开 V7 阀（开度＞10%），将 D-102 中的凝液排至 T-102 中。

④ 当 D-102 液位指示降至 0% 时，关 V7 阀。

⑤ 关 V4 阀，中断盐水，停 E-101。

⑥ 手动打开 PV103（开度＞10%），吸收塔系统泄压至常压，关闭 PV103。

3. 停解吸塔系统

（1）T-102 塔降温

① TIC107 和 FIC108 置手动，关闭 E-105 蒸汽阀 FV108，停再沸器 E-105。

② 改为手动调节 PV105 和 PV104，保持解吸塔压力（0.2MPa）。

（2）停 T-102 回流

① 再沸器停用，温度下降至泡点以下后，油不再汽化，当 D-103 液位 LIC105 指示小于 10% 时，停回流泵 P-102A/B，关 P-102A/B 的入出口阀。

② 手动关闭 FV106 及其前后阀，停 T-102 回流。

③ 打开 D-103 泄液阀 V19（开度＞10%）。

④ 当 D-103 液位指示下降至 0% 时，关 V19 阀。

（3）T-102 泄油

① 手动置 LV104 于 50%，将 T-102 中的油倒入 D-101。

② 当 T-102 液位 LIC104 指示下降至 10% 时，关 LV104。

③ 手动关闭 TV103，停 E-102。

④ 打开 T-102 泄油阀 V18（开度＞10%），T-102 液位 LIC104 下降至 0% 时，关 V18。

（4）T-102 泄压

① 手动打开 PV104 至开度 50%；开始 T-102 系统泄压。

② 当 T-102 系统压力降至常压时，关闭 PV104。

4. 吸收油储罐 D-101 排油

（1）当停 T-101 吸收油进料后，D-101 液位必然上升，此时打开 D-101 排油阀 V10 排污油。

（2）直至 T-102 中油倒空，D-101 液位下降至 0%，关 V10。

二、事故处理

常见故障处理方法见表 2-4。

表 2-4　常见故障的处理

故障	主要现象	处理方法
冷却水中断	(1)冷却水流量为 0 (2)入口路各阀常开状态	(1)停止进料，关 V1 阀 (2)手动关 PV103 保压 (3)手动关 FV104，停 T-102 进料 (4)手动关 LV105，停出产品 (5)手动关 FV103，停 T-101 回流 (6)手动关 FV106，停 T-102 回流 (7)关 LIC104 前后阀，保持液位
加热蒸汽中断	(1)加热蒸汽管路各阀开度正常 (2)加热蒸汽入口流量为 0 (3)塔釜温度急剧下降	(1)停止进料，关 V1 阀 (2)停 T-102 回流 (3)停 D-103 产品出料 (4)停 T-102 进料 (5)关 PV103 保压 (6)关 LIC104 前后阀，保持液位
仪表风中断	各调节阀全开或全关	(1)打开 FRC103 旁路阀 V3 (2)打开 FIC104 旁路阀 V5 (3)打开 PIC103 旁路阀 V6 (4)打开 TIC103 旁路阀 V8 (5)打开 LIC104 旁路阀 V12 (6)打开 FIC106 旁路阀 V13 (7)打开 PIC105 旁路阀 V14 (8)打开 PIC104 旁路阀 V15 (9)打开 LIC105 旁路阀 V16 (10)打开 FIC108 旁路阀 V17
停电	(1)泵 P-101A/B 停 (2)泵 P-102A/B 停	(1)打开泄液阀 V10，保持 LI102 液位在 50% (2)打开泄液阀 V19，保持 LI105 液位在 50% (3)关小加热流量，防止塔温上升过高 (4)停止进料，关 V1 阀
P-101A 泵坏	(1)FRC103 流量降为 0 (2)塔顶 C_4 上升，温度上升，塔顶压上升 (3)釜液位下降	(1)停 P-101A，先关泵后阀，再关泵前阀 (2)开启 P-101B，先开泵前阀，再开泵后阀 (3)由 FRC-103 调至正常值，并投自动
LIC104 调节阀卡	(1)FI107 降至 0 (2)塔釜液位上升，并可能报警	(1)关 LIC104 前后阀 VI13，VI14 (2)开 LIC104 旁路阀 V12 至 60%左右 (3)调整旁路阀 V12 开度，使液位保持 50%
换热器 E-105 结垢严重	(1)调节阀 FIC108 开度增大 (2)加热蒸汽入口流量增大 (3)塔釜温度下降，塔顶温度也下降，塔釜 C_4 组成上升	(1)关闭富气进料阀 V1 (2)手动关闭产品出料 LIC102 (3)手动关闭再沸器后，清洗换热器 E-105

【考核评价】

考核方式：仿真操作。

考核标准：由仿真操作软件自带，考核与操作同步，操作步骤和操作质量同时考核（详见操作软件)。

【知识链接】

一、停车一般原则

总体上，停车时应先停混合气，再停吸收剂，长期不操作时，应将塔内液体全部排放。

二、操作异常的分析与处理方法

1. 吸收塔尾气溶质含量升高

造成吸收塔出口气体溶质含量升高的原因主要有入口混合气中溶质含量的增加、混合气流量增大、吸收剂流量减小、吸收贫液中溶质含量增加和塔性能的变化（填料堵塞、气液分布不均等）。

处理的措施依次有：

(1) 检查混合气中溶质含量的流量，如发生变化，调回原值；

(2) 检查入吸收塔的进气量，如发生变化，调回原值；

(3) 检查入吸收塔的吸收剂流量，如发生变化，调回原值；

(4) 取样分析吸收贫液中溶质含量，如含量升高，增加解吸塔汽提气流量；

(5) 如上述过程未发现异常，在不发生液泛的前提下，加大吸收剂流量，增加解吸塔汽提气流量，使吸收塔出口气体中溶质含量回到原值，同时，注意观测吸收塔内的气液流动情况，查找塔性能恶化的原因。

2. 解吸塔出口吸收贫液中溶质含量升高

造成吸收贫液中溶质含量升高的原因主要有解吸汽提气流量不够、塔性能的变化（填料堵塞、气液分布不均等）。处理的措施有：

(1) 检查入解吸塔的汽提气流量，如发生变化，调回原值；

(2) 检查解吸塔塔底的液封，如液封被破坏要恢复，或增加液封高度，防止解吸气体泄漏；

(3) 如上述过程未发现异常，在不发生液泛的前提下，加大汽提气流量，使吸收贫液中溶质含量回到原值，同时，注意观察塔内气液两相的流动状况，查找塔性能恶化的原因。

任务六　吸收塔实际操作

【任务介绍】

以小组为单位，依据任务单下达的任务，模拟化工真实生产，完成二氧化碳吸收操作。

知识目标：

(1) 熟记操作工艺指标；

(2) 熟悉安全防护方法。

技能目标：

(1) 掌握开车、停车操作步骤；

(2) 会分析造成操作异常原因，并能正确处理，平稳操作。

素质目标：

培养知识应用能力、分析处理问题能力、自学能力、实际操作能力等。

【任务分析】

经过仿真操作训练，学生对操作技能有了一定的掌握，为真实操作打下了一定基础。但真实操作毕竟有别于仿真操作，影响因素更多，一旦操作失误，不仅影响产品质量，还可能出现更严重后果。因此，应首先熟悉装置和工艺指标，熟练掌握操作步骤和对可能出现的问题做好预案后才能进行操作。小组成员要做好分工，各负其责，团结协作。

【任务实施】

一、下发任务单

课前下发任务单，每人一份，要求学生明确任务单要求，以小组为单位收集、查阅相关资料，有针对性预习，做好准备工作。

二、预习情况检查

检查方式：随机抽查各组准备情况。

任 务 单

组别：　　　　　姓名：　　　　　　　　　　　　　　　　学号：

任务名称	任务六　吸收塔实际操作	
上课时间	年　月　日　第　　节	上课地点

具体要求：
1. 用水吸收空气中的 CO_2，空气中的 CO_2 浓度范围在 $16\%\sim18\%$，要求吸收率不低于 10%。
2. 清楚本岗位操作的安全与防护；
3. 熟悉内操、外操及班长等岗位职责；
4. 会用吸收、解吸原理分析物料在塔内传质过程；
5. 了解影响正常操作的因素，会测定吸收塔的吸收率；
6. 熟悉工艺流程、工艺指标及其控制方法；
7. 能正确进行开车前的检查、查摆流程；
8. 能熟练完成装置的冷态开车、平稳调节、异常情况处理和正常停车操作。

三、开车前的检查

组长做好分工，组员相互配合，熟悉工艺流程、工艺指标、操作方案、岗位安全防护等后，按方案操作。

（1）检查公用工程（水、电）是否处于正常供应状态。

（2）设备上电，检查流程中各设备、仪表是否处于正常开车状态，动设备试车。

（3）检查吸收液储槽，是否有足够空间储存实训过程的吸收液。

（4）检查解吸液储槽，是否有足够解吸液供实训使用。

（5）检查二氧化碳钢瓶储量，是否有足够二氧化碳供实训使用。

（6）检查流程中各阀门是否处于正常开车状态：

关闭阀门——VA104、VA107、VA108、VA109、VA110、A111、VA113、VA201、VA202、VA204、VA205、VA206、VA210；

全开阀门——VA101、VA102、VA105、VA106、VA111、VA207、VA208、VA211。

（7）按照要求制定操作方案。

四、正常开车

(1) 确认阀门 VA113 处于关闭状态，启动解吸液泵 P201，逐渐打开阀门 VA113，吸收剂（解吸液）通过涡轮流量计 FIC03 从顶部进入吸收塔。

(2) 将吸收剂流量设定为规定值（200～400L/h），观测涡轮流量计 FIC03 显示和解吸液入口压力 PI03 显示。

(3) 当吸收塔底的液位 LI01 达到溢流值时，启动旋涡气泵 P102，将空气流量调节到规定值（1.4～1.8m³/h），使转子流量计显示空气流量达到此值。

(4) 观测吸收液储槽的液位 LIC03，待其大于规定液位高度（200～300mm）后，启动旋涡气泵 P202，将空气流量设定为规定值（4.0～18m³/h），调节空气流量 FIC01 到此规定值（若长时间无法达到规定值，可适当减小阀门 VA208 的开度）。（注：新装置首次开车时，解吸塔要先通入液体润湿填料，再通入惰性气体）

(5) 确认阀门 VA204 处于关闭状态，启动吸收液泵 P101，观测泵出口压力 P102（如 P102 没有示值，关泵，必须及时报告指导教师进行处理），打开阀门 VA204，解吸液通过涡轮流量计 F104 从顶部进入解吸塔，通过解吸液泵变频器调节解吸液流量，直至 LIC03 保持稳定，观测涡轮流量计 F104 显示。

(6) 观测空气由底部进入解吸塔和解吸塔内气液接触情况，空气入口温度由 T103 显示。

(7) 将阀门 VA208 逐渐关小至半开，观察空气流量 FIC01 的示值。气液两相被引入吸收塔后，开始正常操作。

五、正常平稳调控

(1) 打开二氧化碳钢瓶阀门，调节二氧化碳流量到规定值，打开二氧化碳减压阀保温电源。

(2) 二氧化碳和空气混合后制成实训用混合气从塔底进入吸收塔。

(3) 注意观察二氧化碳流量变化情况，及时调整到规定值。

(4) 操作稳定 20min 后，分析吸收塔顶放空气体（AI03）、解吸塔顶放空气体（AI05）。

(5) 气体在线分析方法：二氧化碳传感器检测吸收塔顶放空气体（AI03）、解吸塔顶放空气体（AI05）中的二氧化碳体积浓度，传感器将采集到的信号传输到显示仪表中，在显示仪表 AI03 和 AI05 上读取数据。

六、正常停车

(1) 关闭二氧化碳钢瓶总阀门，关闭二氧化碳减压阀保温电源。

(2) 10min 后，关闭吸收液泵 P201 电源，关闭旋涡气泵 P102 电源。

(3) 吸收液流量变为零后，关闭解吸液泵 P101 电源。

(4) 5min 后，关闭旋涡气泵 P202 电源。

(5) 关闭总电源。

七、操作记录

操作过程要如实、按要求做好记录，填写记录表。对产品取样分析结果做好记录，如实填写分析报告单。

【考核评价】

教师对小组操作过程全程考核，具体包括开车准备、开车操作、平稳运行、停车操作、数据处理和安全文明操作等六个方面的考核，并填写吸收操作评分表。有 22 个评判点，总分值 100 分。

操作记录要求

1. 从投料开始，每5min记录一次操作条件。

2. 书写规范、清晰，不得涂改。确有需更改的，按照要求在错误记录上画一斜杠，在其旁边上写上正确数字，再签字，说明对记录的真实性负责。

吸收操作记录

日期：　　　年　　　月　　　日（星期　　　）　　　时　　　分至　　　时　　　分

实训项目：吸收-解吸装置正常运行操作　　　装置编号：

操作人员名单：　　　组长：　　　操作：

记录员：

时间	吸收剂流量控制/(L/h)		吸收尾气CO₂浓度/%	解吸尾气CO₂浓度/×10⁻⁶	吸收液流量/(L/h)	解吸惰气流量控制/(m³/h)		吸收塔压降/kPa	解吸塔压降/kPa	吸收液罐液位控制/mm		吸收混合气CO₂浓度/%	吸收剂温度/℃	吸收液温度/℃	混合气进口温度/℃	混合气出口温度/℃	吸收液温度/℃	解吸液温度/℃	解吸惰气进口温度/℃	解吸惰气出口温度/℃	溶质CO₂流量控制/(L/min)		解吸液泵出口压力/MPa	吸收液泵出口压力/MPa	吸收空气流量/(m³/h)
	给定 sv	实际 pv				给定 sv	实际 pv			给定 sv	实际 pv										给定 sv	实际 pv			

吸收装置操作评分表

组别：_____ 装置号：_____ 日期：_____ 操作时间起于_____ 止于_____ 用时_____ 总评成绩_____

操作阶段(规定时间)	考核内容	操作内容	分数	得分
准备工作(10min)	设备检查，流程叙述	旋涡气泵及各阀门均应完好并处于关闭状态，检查操作设施是否完好，流程叙述及查摆正确	5	
开车操作(15min)	干塔操作	全开旋涡气泵出口旁路阀，启动旋涡气泵	3	
		调节旋涡气泵出口旁路阀以控制进塔空气流量	3	
		按塔内空气流量由小到大的顺序依次读取转子流量计的数据	5	
		数据采集、记录准确	3	
		每调节一次流量均应稳定一段时间	3	
	湿塔操作	正确操作吸收剂泵(离心泵)	6	
		调节吸收剂流量为某一固定值	3	
		调节进塔空气流量使塔内空气流量由小到大，依次读取转子流量计的数据	6	
		观察塔内操作现象，会判断液泛现象	6	
		记录液泛出现时空气流量	4	
正常运行(50min)	正确操作;测定、记录符合要求，清晰、准确	调节水流量为一定值	4	
		选择适宜的空气流量	4	
		打开二氧化碳气体减压阀操作正确	4	
		调节混合气体中二氧化碳流量为一定值	4	
		在空气、二氧化碳、水流量不变的情况下稳定一段时间	4	
		数据采集、记录准确	6	
停车操作(10min)	按步骤停车	关闭二氧化碳气瓶阀门	4	
		关闭吸收剂泵(离心泵)出口阀，停泵	4	
		间隔一段时间后关闭旋涡气泵及其出口旁路阀、切断电源	4	
数据处理(15min)	计算吸收率	依据相关理论计算 CO_2 吸收率	5	
安全文明操作	安全、文明、礼貌	着装符合职业要求;正确操作设备、使用工具;操作环境整洁、有序;听从指挥	10	

👉 【知识链接】

一、工艺指标

1. 操作压力

二氧化碳钢瓶压力：≥0.5MPa；

吸收塔压差：0～1.0kPa；

解吸塔压差：0～1.0kPa。

2. 流量控制

吸收剂流量：200～400L/h；

解吸剂流量：200～400L/h；

解吸气泵流量：4.0～10.0m³/h；

CO_2 气体流量：4.0～10.0L/min；

空气流量：15～40L/min。

3. 温度控制

吸收塔进、出口温度：室温；

解吸塔进、出口温度：室温；

各电机温升：≤65℃。

4. 液位控制

吸收液储槽液位：200～300mm；

解吸液储槽液位：1/3～3/4。

二、本岗位操作的安全与防护

穿戴劳防用品：安全帽、安全鞋、防护手套、防护眼镜等。

1. 用电安全

（1）进行实训之前必须了解室内总电源开关与分电源开关的位置，以便出现用电事故时及时切断电源。

（2）在启动仪表柜电源前，必须弄清楚每个开关的作用。

（3）启动电机，上电前先用手转动一下电机的轴，通电后，立即查看电机是否已转动；若不转动，应立即断电，否则电机很容易烧毁。

（4）在实训过程中，如果发生停电现象，必须切断电闸。以防操作人员离开现场后，因突然供电而导致电器设备在无人看管下运行。

（5）不要打开仪表控制柜的后盖和强电桥架盖，电器发生故障时应请专业人员进行电器的维修。

2. 高压钢瓶的安全知识

（1）使用高压钢瓶的主要危险是钢瓶可能爆炸和漏气。若钢瓶受日光直晒或靠近热源，瓶内气体受热膨胀，以致压力超过钢瓶的耐压强度时，容易引起钢瓶爆炸。

（2）搬运钢瓶时，钢瓶上要有钢瓶帽和橡胶安全圈，并严防钢瓶摔倒或受到撞击，以免发生意外爆炸事故。使用钢瓶时，必须牢靠地固定在架子上、墙上或实训台旁。

（3）绝不可把油或其他易燃性有机物黏附在钢瓶上（特别是出口和气压表处）；也不可用麻、棉等物堵漏，以防燃烧引起事故。

（4）使用钢瓶时，一定要用气压表，而且各种气压表一般不能混用。一般可燃性气体的钢瓶气门螺纹是反扣的（如 H_2，C_2H_2），不燃性或助燃性气体的钢瓶气门螺纹是正扣的（如 N_2，O_2）。

（5）使用钢瓶时必须连接减压阀或高压调节阀，不经这些部件让系统直接与钢瓶连接是十分危险的。

（6）开启钢瓶阀门及调压时，人不要站在气体出口的前方，头不要在瓶口之上，而应在瓶之侧面，以防万一钢瓶的总阀门或气压表被冲出伤人。

【知识拓展】

一、吸收速率方程

吸收过程可描述为：①首先溶质组分由气相主体传递至相界面，即气相内的传质；②溶质组分在界面上发生溶解进入液相；③由界面向液体主体传递。即完成吸收过程。溶质组分无论在气相还是液相的传递机理均是凭借扩散完成的。

当流体内有浓度差存在时，就会发生扩散。扩散的基本方式有分子扩散与涡流扩散两种：发生在静止或层流的流体内，凭借着流体分子无规则随机的热运动而进行物质传递的是分子扩散；发生在湍流流体里，凭借流体质点的湍动和漩涡流而传递物质的是涡流扩散。

对流扩散是指物质在湍流主体与相界面之间的扩散，是涡流扩散与分子扩散共同作用过程。这一点与传热过程中的对流传热相类似。由于对流扩散过程极为复杂，影响因素很多，所以对流扩散速率也采用类似对流传热的处理方法，即利用基本扩散速率方程在一定条件下推导出对流扩散速率方程，进而推导出吸收速率方程：

对于具有稳定相界面的系统以及流动速率不高的两流体间的传质，可表示如下。

1. 单相内的传质速率方程

（1）气相与界面的传质速率

$$N_A = k_y(y - y_i) \tag{2-18}$$

或

$$N_A = k_Y(Y - Y_i) \tag{2-19}$$

式中 N_A——单位时间内组分 A 扩散通过单位面积的物质的量，即传质速率，kmol/($m^2 \cdot s$)；

y、y_i——溶质 A 在气相主体与界面处的物质的量浓度；

Y、Y_i——溶质 A 在气相主体与界面处的摩尔比，kmol（A）/kmol（B）；

k_y——以物质的量浓度差表示推动力的气相传质系数，kmol/(s·m^2)；

k_Y——以摩尔比差表示推动力的气相传质系数，1/(s·m^2)；

（2）液相与界面的传质速率

$$N_A = k_x(x_i - x) \tag{2-20}$$

或

$$N_A = k_X(X_i - X) \tag{2-21}$$

式中 x、x_i——溶质 A 在液相主体与界面处的物质的量浓度；

X、X_i——溶质 A 在液相主体与界面处的摩尔比，kmol（A）/kmol（S）；

k_x——以物质的量分数差表示推动力的液相传质系数，kmol/(s·m^2)；

k_X——以摩尔比差表示推动力的气相传质系数，1/(s·m^2)。

传质系数 k_y、k_Y、k_x、k_X，与流体流动状态和流体物性、扩散系数、密度、黏度、传质界面形状等因素有关，根据具体操作条件由实验测取或通过经验关联式计算。

由于相界面上的浓度无法测取，因此单一相内的传质速率方程还不能直接应用。

2. 吸收总传质速率方程

依照过程速率的一般表达方式，吸收总传质速率方程可表示如下。

$$N_A = K_Y(Y - Y^*) = \frac{Y - Y^*}{\dfrac{1}{K_Y}} \tag{2-22}$$

或

$$N_A = K_X(X^* - X) = \frac{X^* - X}{\dfrac{1}{K_X}} \tag{2-23}$$

式（2-22）及式（2-23）中

X^*、Y^*——分别与液相主体或气相主体组成平衡关系的浓度；

X、Y——用摩尔比表示的液相主体或气相主体浓度；

K_X——以液相摩尔比差为推动力的总传质系数，1/($m^2 \cdot s$)；

K_Y——以气相摩尔比差为推动力的总传质系数，1/($m^2 \cdot s$)。

对于同一稀溶液吸收过程，由传质速率方程式(2-19)及式(2-21)可推得：

$$\frac{1}{K_Y} = \frac{1}{k_Y} + \frac{m}{k_X} \tag{2-24}$$

同理推导，可得：

$$\frac{1}{K_X} = \frac{1}{mk_Y} + \frac{1}{k_X} \tag{2-25}$$

可见，气、液两相相际传质总阻力等于分阻力之和，总推动力等于各层推动力之和。

由式（2-24）可知，对于易溶气体，m 值很小，在 k_Y 和 k_X 数量级相同或接近的情况下，存在如下关系，即 $\frac{m}{k_X} \ll \frac{1}{k_Y}$，此时吸收过程阻力的绝大部分存在于气膜之中，液膜阻力可以忽略，因而式（2-24）可以化为 $\frac{1}{K_Y} \approx \frac{1}{k_Y}$ 或 $K_Y \approx k_Y$，即气膜阻力控制着整个吸收过程，吸收总推动力的绝大部分用于克服气膜阻力。这种吸收称为气膜控制吸收。例如：用水吸收氨或氯化氢等过程。对于气膜控制的吸收过程，要强化传质过程，提高吸收速率，在选择设备型式及确定操作条件时，应特别注意减小气膜阻力，比如增加气体流速。

由式（2-25）可知，对于难溶气体，m 值很大，在 k_Y 和 k_X 数量级相同或接近的情况下，存在如下关系，即 $\frac{1}{mk_Y} \ll \frac{1}{k_X}$，此时吸收过程阻力的绝大部分存在于液膜之中，气膜阻力可以忽略，因而式（2-25）可以化为 $\frac{1}{K_X} \approx \frac{1}{k_X}$ 或 $K_X \approx k_X$，即液膜阻力控制着整个吸收过程，吸收总推动力的绝大部分用于克服液膜阻力。这种吸收称为液膜控制吸收。例如：用水吸收氧气、二氧化碳等过程。对于液膜控制的吸收过程，要强化传质过程，提高吸收速率，在选择设备型式及确定操作条件时，应特别注意减小液膜阻力，比如增加液相湍动程度。

对于具有中等溶解度的气体吸收过程，气膜阻力与液膜阻力均不可忽略。要提高吸收过程速率，必须兼顾气、液两膜阻力的降低，方能得到满意的效果。

二、填料层高度的计算

在许多工业吸收中，当进塔混合气中的溶质含量不高，如小于 10% 时，通常称低浓度气体吸收。因被吸收的溶质量很少，所以，流经全塔的混合气体量与液体量变化不大；由溶质的溶解热而引起塔内液体温度升高不显著，吸收可认为是在等温下进行，因而可以不作热量衡算；因气、液两相在塔内的流量变化不大，全塔流动状态基本相同，传质分系数 k_G、k_L 在全塔为常数；若在操作范围内，亨利系数、相平衡常数变化不大，平衡线的斜率变化就不大，传质总系数 K_X、K_Y 也认为是常数。这些特点使低浓度气体吸收计算大为简化。

（一）填料层高度的基本计算式

为了使填料吸收塔出口气体达到一定的工艺要求，就需要塔内装填一定高度的填料层能提供足够的气、液两相接触面积。若在塔径已经被确定的前提下，填料层高度则仅取决于完成规定生产任务所需的总吸收面积和每立方米填料层所能提供的气、液接触面。其关系如下：

$$Z = \frac{填料层体积 V_P}{塔截面积 \Omega} = \frac{总吸收面积 F}{\alpha\Omega} = \frac{气液两相接触面积 F}{\alpha\Omega} \tag{2-26}$$

式中　Z——填料层高度，m；

　　　V_P——填料层体积，m³；

　　　F——总吸收面积，m²；

　　　Ω——塔的截面积，m²；

　　　α——单位体积填料层提供的有效比表面积，m²/m³。

总吸收面积 F 可表示为：

$$F = \frac{吸收负荷 G_A}{吸收速率 N_A} \tag{2-27}$$

塔的吸收负荷可依据全塔物料衡算关系求出，而吸收速率则要依据全塔吸收速率方程求得。由此，从以气相浓度差表示的吸收总速率方程和物料衡算出发，可导出填料层的基本计算式为：

$$Z = \frac{V}{K_{Y\alpha}\Omega} \int_{Y_2}^{Y_1} \frac{\mathrm{d}Y}{Y - Y^*} = H_{OG} \cdot N_{OG} \tag{2-28}$$

同理，从以液相浓度差表示的吸收总速率方程和物料衡算出发，可导出填料层的基本计算式为：

$$Z = \frac{L}{K_{X\alpha}\Omega} \int_{X_2}^{X_1} \frac{\mathrm{d}X}{X^* - X} = H_{OL} \cdot N_{OL} \tag{2-29}$$

$$H_{OG} = \frac{V}{K_{Y\alpha}\Omega}$$

$$H_{OL} = \frac{L}{K_{X\alpha}\Omega}$$

式中　H_{OG}——气相传质单元高度，m；

　　　H_{OL}——液相传质单元高度，m。

传质单元高度可以理解为一个传质单元所需要的填料层高度，是吸收设备效能高低的反映。与操作气液流动情况、物料性质及设备结构有关。在填料塔设计计算中，选用分离能力强的高效填料及适宜的操作条件，都能提高传质系数，增加有效气液接触面积，从而降低所需的传质单元高度。

$$N_{OG} = \int_{Y_2}^{Y_1} \frac{\mathrm{d}Y}{Y - Y^*}$$

$$N_{OL} = \int_{X_2}^{X_1} \frac{\mathrm{d}Y}{X^* - X}$$

式中　N_{OG}——气相传质单元数，无量纲；

　　　N_{OL}——液相传质单元数，无量纲。

它与气相进出口浓度及平衡关系有关，反映吸收任务的难易程度。当分离要求高或吸收平均推动力小时，均会使 N_{OG}（N_{OL}）越大，相应的填料层高度也增加。在填料塔设计计算中，可用改变吸收剂的种类、降低操作温度或提高操作压力、增大吸收剂用量、减小吸收剂入口浓度等方法，以增大吸收过程的传质推动力，达到减小 N_{OG}（N_{OL}）的目的。

$K_{Y\alpha}$（$K_{X\alpha}$）：称体积吸收总系数，单位为 $kmol/(m^3 \cdot s)$。其物理意义为：在推动力为一个单位的情况下，单位时间单位体积填料层内所吸收的溶质的量。一般通过实验测取，也可根据经验公式计算。

（二）对数平均推动力法求传质单元数

计算填料层的高度关键是计算传质单元数。传质单元数的求法有解析法（适用于相平衡关系服从亨利定律的情况）、对数平均推动力法（适用于相平衡关系是直线关系的情况）、图解积分法（适用于各种相平衡关系），这里以 N_{OG} 的计算为例，介绍对数平均推动力法，其他方法可查阅《化学工程手册》。

若操作线和相平衡均为直线，则吸收塔任意一截面上的推动力（$Y - Y^*$）对 Y 必有直线关系，此时全塔的平均推动力可由数学方法推得为吸收塔填料层上、下两端推动力的对数平均值，其计算式为：

$$\Delta Y_m = \frac{\Delta Y_1 - \Delta Y_2}{\ln \frac{\Delta Y_1}{\Delta Y_2}} = \frac{(Y_1 - Y_1^*) - (Y_2 - Y_2^*)}{\ln \frac{Y_1 - Y_1^*}{Y_2 - Y_2^*}} \tag{2-30}$$

同理

$$\Delta X_{\mathrm{m}} = \frac{\Delta X_1 - \Delta X_2}{\ln \dfrac{\Delta X_1}{\Delta X_2}} = \frac{(X_{1,}^* - X_1) - (X_2^* - X_2)}{\ln \dfrac{(X_1^* - X_1)}{(X_2^* - X_2)}} \tag{2-31}$$

当 $\dfrac{\Delta Y_1}{\Delta Y_2} < 2$ 时，$\Delta Y_{\mathrm{m}} \approx \dfrac{\Delta Y_1 + \Delta Y_2}{2}$

当 $\dfrac{\Delta X_1}{\Delta X_2} < 2$ 时，$\Delta X_{\mathrm{m}} \approx \dfrac{\Delta X_1 + \Delta X_2}{2}$

全塔平均推动力已推出为 ΔY_{m} 或 ΔX_{m}，而低浓度气体吸收时，每个截面的 K_Y，K_X 相差很小，即 K_Y，K_X 基本保持不变，则全塔总吸收速率方程为：

$$N_{\mathrm{A}} = K_Y \Delta Y_{\mathrm{m}}$$

或

$$N_{\mathrm{A}} = K_X \Delta X_{\mathrm{m}}$$

而整个填料层的总吸收负荷为：

$$G_{\mathrm{A}} = N_{\mathrm{A}} F = K_Y \Delta Y_{\mathrm{m}} a \Omega Z = V(Y_1 - Y_2)$$

则

$$Z = \frac{V}{K_Y a \Omega} \times \frac{Y_1 - Y_2}{\Delta Y_{\mathrm{m}}}$$

与填料层的基本计算式比较得：

$$N_{\mathrm{OG}} = \int_{Y_2}^{Y_1} \frac{\mathrm{d}Y}{Y - Y^*} = \frac{Y_1 - Y_2}{\Delta Y_{\mathrm{m}}} \tag{2-32}$$

同理

$$N_{\mathrm{OL}} = \int_{X_2}^{X_1} \frac{\mathrm{d}X}{X^* - X} = \frac{X_1 - X_2}{\Delta X_{\mathrm{m}}} \tag{2-33}$$

【例 2-3】　某蒸馏塔顶出来的气体中含有 3.90%（体积分数）的 H_2S，其余为碳氢化合物，可视为惰性组分。用三乙醇胺水溶液吸收 H_2S，要求吸收率为 95%。操作温度为 300K，压力为 101.3kPa，平衡关系为 $Y^* = 2X$。进塔吸收剂中不含 H_2S，吸收剂用量为最小用量的 1.4 倍。已知单位塔截面上流过的惰性气体量为 0.015kmol/(m² · s)，气体体积吸收系数 KY_a 为 0.040kmol/(m³ · s)，求所需的填料层高度。

解　由于相平衡关系为 $Y^* = 2X$，故可用解析法和对数平均推动力法求 N_{OG}。

$$y_1 = 0.039, \ Y_1 = \frac{y_1}{1 - y_1} = \frac{0.039}{1 - 0.039} = 0.0406$$

$$Y_2 = Y_1(1 - \eta) = 0.0406 \times (1 - 0.95) = 2.03 \times 10^{-3}$$

$$X_2 = 0$$

惰性气体量　　　　$\dfrac{V}{\Omega} = 0.015 [\mathrm{kmol/(m^2 \cdot s)}]$

最小液气比　　　　$\left(\dfrac{L}{V}\right)_{\min} = \dfrac{Y_1 - Y_2}{\dfrac{Y_1}{m} - X_2} = m\eta = 2 \times 0.95 = 1.9$

液气比　　　　　　$\dfrac{L}{V} = 1.4 \times \left(\dfrac{L}{V}\right)_{\min} = 1.4 \times 1.9 = 2.66$

吸收剂量　　　$\dfrac{L}{\Omega} = 2.66 \times \dfrac{V}{\Omega} = 2.66 \times 0.015 = 0.0399 [\mathrm{kmol/(m^2 \cdot s)}]$

气相总传质单元高度　　$H_{\mathrm{OG}} = \dfrac{V}{K_Y a \Omega} = \dfrac{0.015}{0.040} = 0.375(\mathrm{m})$

液体出塔浓度 X_1 为：

$$X_1 = \frac{V(Y_1 - Y_2)}{L} + X_2 = \frac{1}{2.66} \times (0.0406 - 0.00203) = 0.0145$$

$$\Delta Y_1 = Y_1 - Y_1^* = Y_1 - mX_1 = 0.0406 - 2 \times 0.0145 = 0.0116$$

$$\Delta Y_2 = Y_2 - Y_2^* = Y_2 - mX_2 = Y_2 = 0.00203$$

$$\Delta Y_m = \frac{\Delta Y_1 - \Delta Y_2}{\ln \dfrac{\Delta Y_1}{\Delta Y_2}} = \frac{0.0116 - 0.00203}{\ln \dfrac{0.0116}{0.00203}} = 0.00549$$

$$N_{OG} = \frac{Y_1 - Y_2}{\Delta Y_m} = \frac{0.0406 - 0.00203}{0.00549} = 7.03$$

填料层高度　　　　$Z = H_{OG} N_{OG} = 0.375 \times 7.03 = 2.64 \, (\text{m})$

三、其他吸收操作

前面学习了低浓度单组分的等温物理吸收的过程与操作。在此基础上，对其他吸收过程分别作概略的介绍。

（一）非等温吸收

1. 温度升高对吸收过程的影响

温度升高对吸收过程的影响主要有两个方面。

（1）改变了气液平衡关系　当温度升高时，气体的溶解度降低，改变了气液平衡关系，对吸收过程不利，因此，对溶解热很大的吸收过程，比如用水吸收氯化氢等，就必须采取措施移出热量，以控制系统温度。工业生产中常采用的措施如下。

① 吸收塔内设置冷却元件　如在填料塔的塔板上安装冷却蛇管或在板间设置冷却器；

② 将液相引至塔外冷却　对于填料塔不方便在塔内设置冷却元件，一般将温度升高的液相在中途引出塔外，冷却后再送入塔内继续进行吸收。

③ 采应边吸收边冷却的吸收装置　例如氯化氢的吸收，常采用类似于管壳式换热器的装置，吸收过程在管内进行，同时在壳方通入冷却剂以移出大量的溶解热。

④ 加大液相的喷淋密度　吸收时采用大的喷淋密度操作，可使吸收过程释放的热量以显热的形式被大量的吸收剂带走。

（2）改变吸收速率　吸收系统温度的升高，对气膜吸收系数和液膜吸收系数影响的程度是不同的，因此，温度变化对不同吸收过程吸收速率的影响也是不同的。

一般而言，温度升高使气膜吸收系数下降，故对某些由气膜控制的吸收过程，应尽可能在较低的温度下操作。

对于液膜控制的吸收过程，温度的升高将有利于吸收过程的进行。因为，温度升高，液体的黏度减小，扩散系数增大，因此液膜吸收系数增大。

一般情况下，温度对液膜吸收系数的影响程度要比气膜吸收系数大得多，而且对于化学吸收，温度升高还可加快反应速率，所以对于某些由液膜控制的吸收过程及化学吸收，适当提高吸收系统的温度，对吸收速率的提高是有利的。

2. 实际平衡线的确定

吸收塔内液体温度是在沿塔下流中逐渐上升的，特别流到近塔低处，气体浓度大、吸收速率快，温度的上升也最明显，使平衡曲线越来越陡。因此，在热效应较大时，吸收塔内的实际平衡曲线不应按塔顶、塔底的平均温度条件来计算，而应当从塔顶到塔底，逐步地由液体浓度变化的热效应算出其温度，再作出实际平衡线。

如图 2-14 所示为用水绝热吸收氨气时由于系统温度升高而使平衡曲线位置逐渐变化的

情况。水在进入塔顶时温度为 20℃，在沿填料表面下降的过程中不断吸收氨气，其组成和温度互相对应的逐渐升高。由氨在水中的溶解热数据便可确定某液相组成下的液相温度，进而可确定该条件下的平衡点，再将各点连接起来即可得到变温情况下的平衡曲线。如图 2-14 中曲线 OE 所示。

（二）化学吸收

在实际生产中，多数吸收过程都伴有化学反应。伴有显著化学反应的吸收过程称为化学吸收。例如用 NaOH 或 Na_2CO_3、NH_4OH 等水溶液萃取 CO_2 或 SO_2、H_2S 以及用硫酸萃取氨等，都属于化学萃取。

溶质首先由气相主体扩散至气液界面，随后在由界面向液相主体扩散的过程中，与萃取剂或液相中的其他某种活泼组分发生化学反应。因此，溶质的浓度沿扩散途径的变化情况不仅与其自身的扩散速率有关，而且与液相中活泼组分的反向扩散速率、化学反应速率以及反应产物的扩散速率等因素有关。这就使得化学吸收的速率关系十分复杂。总的来说。由于化学反

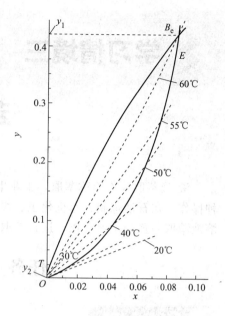

图 2-14 非等温吸收的平衡线及最小液气比时的操作线

应消耗了进入液相中的溶质，使溶质的有效溶解度增大而平衡分压降低，增大了吸收过程的推动力；同时，由于溶质在液膜内扩散中途即因化学反应而消耗，使传质阻力减小，吸收系数相应增大。所以，发生化学反应总会使吸收速率得到不同程度的提高。但是，提高的程度又依不同情况而有很大差异。

当液体中活泼组分的浓度足够大，而且发生的是快速不可逆反应时，若溶质组分进入液相后立即反应而被消耗掉，则界面上的溶质分压为零，吸收过程速率为气膜中的扩散阻力所控制，可按气膜控制的物理吸收计算。例如硫酸吸收氨的过程即属此种情况。

当反应速率较低致使反应主要在液相主体中进行时，吸收过程中气液两膜的扩散阻力均未有所变化，仅在液相主体中因化学反应而使溶质浓度降低，过程的总推动力较单纯物理吸收的大。用碳酸钠水溶液吸收二氧化碳的过程即属此种情况。

当情况介于上述二者之间时的吸收速率计算，目前仍无可靠的一般方法，设计时往往依靠实测数据。

综上所述，化学吸收与物理吸收相比具有以下特点。

① 吸收过程的推动力增大。

② 传质系数有所提高。以上特点使化学吸收特别适用于难溶气体的吸收（即液膜控制系统）。

③ 吸收剂用量较小。化学吸收中单位体积吸收剂往往能吸收大量的溶质，故能有效地减少吸收剂的用量或循环量，从而降低能耗及某些有价值的惰性气体的溶解损失。

但是，化学吸收的优点并非绝对的，主要在于化学反应虽有利于吸收，但往往不利于解吸。如果反应不可逆，吸收剂就不能循环使用；此外，反应速率的快慢也会影响吸收的效果。所以，化学吸收剂的选择要注意有较快的反应速率和反应的可逆性。

萃取操作

液-液萃取操作简称萃取，工业生产中又称为抽提，是用于均相液体混合物分离的又一种操作，在石油炼制、有机化工、煤化工等工业领域应用较为广泛。在此，以煤油-苯甲酸溶液萃取装置为学习情境，进行萃取操作的学习和技能训练。

任务一　认识萃取装置

【任务介绍】

认识萃取基本工艺过程，是操作工应具备的基本能力，是其他能力具备的前提和基础。本任务具体目标如下。

知识目标：
(1) 掌握萃取基本概念；
(2) 熟悉萃取分类；
(3) 了解萃取在化工生产中的应用；
(4) 掌握萃取设备种类、构造特点。
技能目标：
(1) 认识萃取主要设备及基本工艺流程；
(2) 能识读、绘制萃取工艺流程简图。
素质目标：
培养知识应用能力、分析能力、自学能力、与人合作能力、遵守纪律意识等。

【任务分析】

分离混合物的方法有很多，萃取是方法之一。萃取原理决定了此法的分离特点，也决定了萃取设备的结构。因此，要在理解萃取原理的基础上认识萃取装置，并通过绘制、识读、萃取设备结构，强化对萃取基本工艺过程的记忆和理解。

【任务实施】

将学生分成小组，每组 6～8 人，以小组为单位开展如下活动。

以小组为单位，参观正常运行的富氢气体中回收氢气吸变压附装置及萃取设备。借助资料、自主学习、展开小组讨论。在老师引导下，从萃取分离原理、基本工艺流程及设备结构等方面展开学习。

一、观察萃取装置的构成

通过观察实际装置，认识塔、泵、罐及换热器等主要设备。

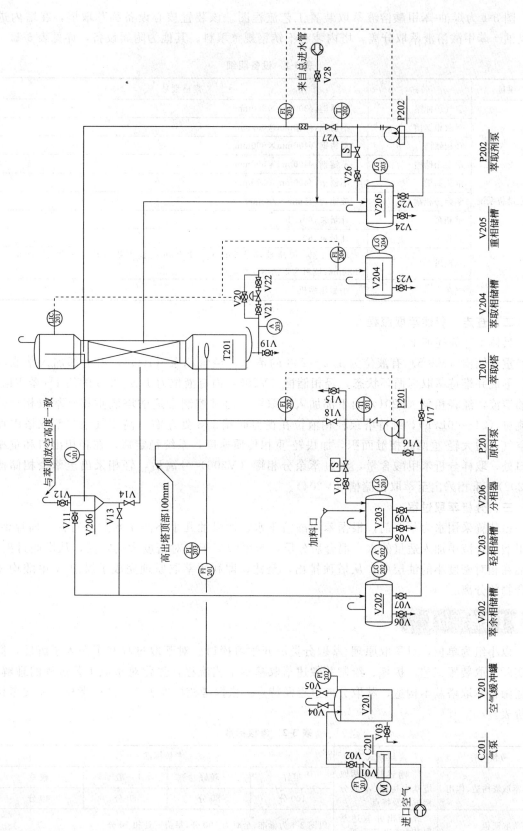

图 3-1 萃取装置工艺流程图

图 3-1 为煤油-苯甲酸溶液萃取装置工艺流程图。该装置核心设备为萃取塔，在塔内进行煤油－苯甲酸溶液萃取分离，塔内装有不锈钢规整填料。其他为附属设备，详见表 3-1。

表 3-1　设备明细

项目	名称	规格型号
工艺设备系统	空气缓冲罐	不锈钢，$\phi300mm\times200mm$
	萃取相储槽	不锈钢，$\phi400mm\times600mm$
	轻相储槽	不锈钢，$\phi400mm\times600mm$
	萃余相储槽	不锈钢，$\phi400mm\times600mm$
	重相储槽	不锈钢，$\phi400mm\times600mm$
	萃余分相罐	玻璃，$\phi125mm\times320mm$
	重相泵	计量泵，60L/h
	轻相泵	计量泵，60L/h
	萃取塔	玻璃主体，硬质玻璃 $\phi125mm\times1200mm$；上、下扩大段不锈钢 $\phi200mm\times200mm$；填料为不锈钢规整填料
	气泵	小型压缩机

二、查走、叙述萃取流程

具体工艺简述如下。

重相储槽（V205）有液位为 1/2～2/3 的清水，经重相泵（P202）由上部加入萃取塔内，形成并维持萃取剂循环状态，轻相储槽（V203）内有液位为 1/2～2/3 的约 1‰苯甲酸-煤油溶液，经轻相泵（P201）由下部加入萃取塔，通过控制合适的塔底重相（萃取相）采出流量（24～40L/h），维持塔顶轻相液位在视盅底端 1/3 处左右，高压气泵向萃取塔内加入空气，增大轻-重两相接触面积，加快轻-重相传质速度，系统稳定后，在轻相出口和重相出口处，取样分析苯甲酸含量，经过萃余分相罐（V206）分离后，轻相采出至萃余相储槽（V202），重相采出至萃取相储槽（V204）。

三、分析萃取过程

该装置采用水为萃取剂，根据苯甲酸溶于水、而煤油几乎不溶于水这一特性，向煤油-苯甲酸混合液中加入适量的水，混合后分层，苯甲酸溶于相对密度大的水层，从塔底排出；煤油在相对密度小的油层中，从塔顶排出，至此，即利用萃取原理完成了煤油-苯甲酸均相混合物的分离。

【考核评价】

以小组为单位，对萃取原理/萃取分类展开学习探讨。对萃取过程有了深入了解后，简化实际萃取装置工艺，提炼、绘制并叙述萃取基本工艺流程，强化对萃取工艺过程的理解；阐述筛板萃取塔基本构造、萃取分离过程及特点。依据考核标准表 3-2 进行考核，完成考核评价表。

表 3-2　考核标准

考核内容	考核方式	考核标准			
1. 萃取塔构造、作用	1. 阐述筛板萃取塔基本构造、萃取分离过程及特点	很好	较好	一般	较差
		100 分	80 分	60 分	40 分
2. 萃取流程	2. 画出并叙述萃取基本工艺流程图。	以图 3-1 为标准，全对为 100 分，每错一处扣 10 分			

考核评价表

姓名：　　　　　学号：　　　　　　　　组别：　　　　　　　　班级：

任务名称	任务一　认识萃取装置		
上课时间	第　　年　　月　　日 　　周　　第　　节	上课地点	

1. 对实际装置工艺流程提炼，画出并叙述萃取基本工艺流程图。

2. 阐述填料萃取塔基本构造、萃取分离过程及特点。

考核结果	

【知识链接】

一、萃取原理

液-液萃取是向混合液中加入溶剂，造成两相液体物系，利用液体混合物中各组分在所选定的溶剂中溶解度的差异而使各组分分离的操作。

在要分离的混合液中加入一种适宜的溶剂，使其形成两液相系统，利用液体混合物中各组分在两相中分配的差异，易溶组分较多地进入溶剂相从而实现混合液的分离。通常，所选用的溶剂称为萃取剂或溶剂，所处理的液体混合物称为原料液，其中较易溶于萃取剂的组分称为溶质，较难溶的组分称为原溶剂或稀释剂，萃取操作中所得到的溶液称为萃取相，工业上又叫提取液，其成分主要是萃取剂和溶质，剩余的溶液称为萃余相，工业上又叫提余液，其成分主要是稀释剂，还含有残余的溶质等组分。

完整的液-液萃取过程应由以下三部分组成。

① 原料液与萃取剂充分混合，使溶质由原溶剂中转溶到萃取剂中；

② 萃取相和萃余相的分离；

③ 回收萃取相和萃余相中的萃取剂，使之循环使用，同时得到产品。

如图 3-2 所示的萃取操作中，将原料液和萃取剂 S 加入混合器中，则器内存在两个液相。然后进行搅拌，使一个液相以小液滴形式分散于另一液相中，造成很大的相际接触面积，使溶质 A 由原溶剂 B 中向萃取剂 S 中扩散。两相充分接触后，停止搅拌并送入澄清器，两液相因密度差自行沉降分层。萃取相 E 以萃取剂 S 为主，并溶有大量的溶质 A。萃余相 R 以原溶剂 B 为主，并含有未被萃取的溶质 A。若萃取剂 S 与原溶剂 B 部分互溶，则萃取相中还含有少量的 B，萃余相中还含有少量的 S。

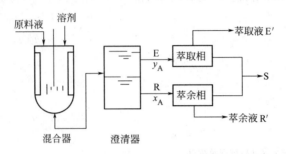

图 3-2　单级萃取操作示意图

由于萃取相和萃余相均是三元混合物，萃取操作并未最后完成分离任务。为了得到 A，并回收萃取剂以供循环使用，还需脱除萃取相和萃余相中的萃取剂 S，此过程称为溶剂回收（或再生），得到的两相分别称为萃取液 E′ 和萃余液 R′。

若萃取剂 S 与原溶剂 B 完全不互溶，则萃取过程与吸收过程十分类似，所不同的是吸收处理的是气-液两相而萃取则是液-液两相，这一差别使萃取设备的构型有别于吸收。

二、萃取流程的种类及特点

按原料液和萃取剂的接触方式可分为两类：即级式接触萃取和连续接触萃取。

1. 单级萃取操作

图 3-3 为单级混合澄清器。原料液和萃取剂加入混合器，在搅拌作用下两相发生密切接触进行相际传质，由混合器流出的两相在澄清器内分层，得到萃取相和萃余相并分别排出。

2. 多级萃取操作

若单级萃取得到的萃余相中还有部分溶质需进一步提取，可以采用多个混合澄清器实现多级接触萃取。常见的多级萃取有三种。

错流萃取是实验室常用的萃取流程。其流程示意如图 3-4(a) 所示，两液相在每一级上充分混合

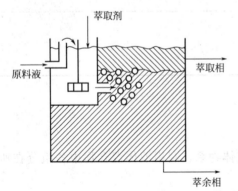

图 3-3　单级混合澄清器

经一定时间达到平衡，然后将两相分离。操作时在每一级都加入溶剂，新鲜原料仅在第一级挤入。萃取相从每一级引出，萃余相依次进入下一级，继续萃取过程。这种操作方式传质推动力大，只要级数足够多，最终可得到溶质组成很低的萃余相。错流萃取的缺点是需要使用大量溶剂，并且要想使萃取相中溶质浓度足够高，需要很多的级数，因此很少应用于工业生产。

逆流萃取是工业上广泛应用的流程，如图 3-4(b) 所示，溶剂 S 从串级的一端加入，原料 F 从另一端加入，两相在各级内逆流接触，溶剂从原料中萃取一个或多个组分。如果萃取器由若干个独立的实际级组成，那么每一级都要分离萃取相和萃余相。如果萃取器是微分设备，则在整个设备中，一相是连续相，而另一相是分散相，分散相在流出设备前积累。

分馏萃取是两个不互溶的溶剂相在萃取器中逆流接触的过程，可以使原料混合物中至少有两个组分获得较完全的分离。如图3-4(c)所示，溶剂S从原料F中萃取一个（或多个）溶质组分，另一种溶剂W对萃取液进行洗涤，使之除去不希望有的溶质，实际上洗涤过程提供了萃取液中溶质的浓度。洗涤段和提取段的作用类似于连续萃取塔的萃取段和提馏段。

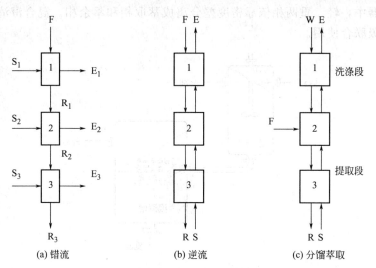

图 3-4　多级萃取过程

三、萃取设备种类及特点

液-液萃取操作是两液相间的传质过程。萃取操作的设备应满足以下两个基本要求：

① 必须使两相充分接触并伴有较高的湍动；

② 传质后的两相快速、彻底地分离。

对于液-液系统，为实现两相的密切接触和快速分离要比气-液系统困难多。通常萃取过程中一个液相为连续相，另一相为分散相以液滴的形式分散于连续相中，液滴外表面即为两相接触的传质面积。显然液滴越小，两相接触面积越大，传质越快。但液滴越小，两相的相对流动越慢，有时甚至发生乳化，凝聚分层越困难。在很多情况下，萃取后液-液两相能否顺利分层是制约萃取操作的一个重要因素。

液-液传质设备的类型较多。按两相接触方式分，可分为分级接触式和连续接触式；按操作方式分，可分为间歇式和连续式；按萃取级数分，可分为单级和多级；按有无外加能量分，可分为有外加能量加入和无外加能量加入等等。表3-3列出几种常用的萃取设备。目前，在工业生产中已有三十几种不同形式的萃取设备在运转，下面介绍几种常用的萃取设备。

表 3-3　萃取设备分类

液体分散的动力		逐级接触式	微分接触式
密度差		筛板塔	喷洒塔、填料塔
外加能量	脉冲	脉冲混合-澄清器	脉冲填料塔
			液体脉冲筛板塔
	旋转搅拌	混合澄清器	转盘塔（RDC）
		夏贝尔（Scheibel）塔	偏心转盘塔（ARDC） 库尼（Kühni）塔
	往复搅拌		往复筛板塔
	离心力	卢威离心萃取机	POD离心萃取机

（一）混合澄清器

混合澄清器是最早使用的，而且目前仍广泛应用的一种级式萃取设备，它由混合器与澄清器两部分组成，如图 3-5 所示。混合器中装有搅拌装置，使其中一相破碎成液滴而分散于另一相中，以加大相际接触面积并提高传质速率。两相在混合器内停留一定时间后，流入澄清器。在澄清器中，轻、重两相依靠密度差分离成萃取相和萃余相。混合澄清器可以单级使用，也可以多级联合使用。

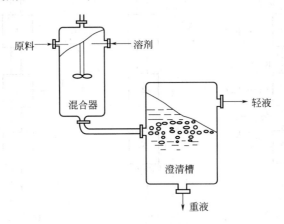

图 3-5　混合澄清设备

混合澄清器具有如下优点：处理量大，传质效率高，一般单级效率在 80% 以上；流量范围大，可适应各种生产规模；结构简单，易于放大，操作方便，运转稳定可靠，适应性强。可适用于多种物系，甚至是含少量悬浮固体物系的处理；易实现多级连续操作，便于调节级数。

混合澄清器的缺点是水平排列的设备占地面积大、萃取剂存留量大，每级内都设有搅拌装置，液体在级间流动需要用泵输送，设备费和操作费都较高。

（二）萃取塔

为了获得良好的传质效果，萃取塔应具有分散装置，以提供两相间较好的混合条件；同时塔顶、塔底均应有足够的分离空间，以使两相很好地分层。由于使两相混合和分散所采取的措施不同，因此出现了不同结构形式的萃取塔。两相在塔内作逆流流动，除筛板塔外，萃取塔大都属于连续接触设备。下面介绍几种工业上常用的萃取塔。

1. 筛板萃取塔

筛板萃取塔是逐级接触式萃取设备，两相依靠密度差，在重力的作用下，进行分散和逆向流动，若以轻相为分散相，则其通过塔板上的筛孔而被分散成细小的液滴，与塔板上的连续相充分接触进行传质。穿过连续相的轻相液滴逐渐凝聚，并聚集于上层筛板的下侧，待两相分层后，轻相借助压力差的推动，再经筛孔分散，液滴表面得到更新，直至塔顶分层后排出。而连续相则横向流过塔板，在筛板上与分散相液滴接触传质后，由降液管流至下一层塔板，如图 3-6(a) 所示。若以重相为分散相，则重相穿过板上的筛孔，分散成液滴落入连续的轻相中进行传质，穿过轻液层的重相液滴逐渐凝聚，并聚集于下层筛板的上侧，轻相则连续地从筛板下侧横向流过，从升液管进入上层塔板，如图 3-6(b) 所示。可见，每一块筛板及板上空间的作用相当于一级混合澄清器。

筛板萃取塔由于塔板的存在，减小了轴向返混，同时由于分散相的多次分散和聚集，使液滴表面不断更新，传质效率比填料塔有所提高，而且筛板塔结构简单、造价低、生产能力大，因而应用较广。

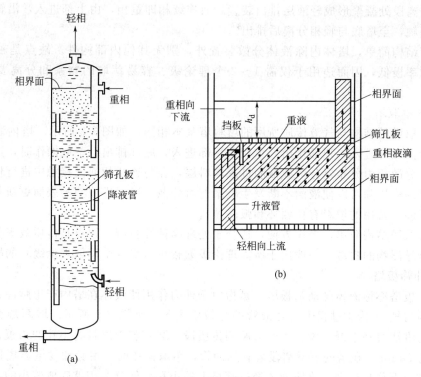

图 3-6 筛板萃取塔

2. 喷洒塔

喷洒塔又称喷淋塔，是最简单的萃取塔，如图 3-7 所示，轻、重两相分别从塔的底部和顶部进入。图 3-7(a) 是以重相为分散相，则重相经塔顶的分布装置分散为液滴进入连续相，在下流过程中与轻相接触进行传质，降至塔底分离段处凝聚形成重液层排出装置。连续相即轻相，由下部进入，上升到塔顶，与重相分离后由塔顶排出；图 3-7(b) 是以轻相为分散相，则轻相经塔底的分布装置分散为液滴进入连续相，在上升中与重相接触进行传质，轻相

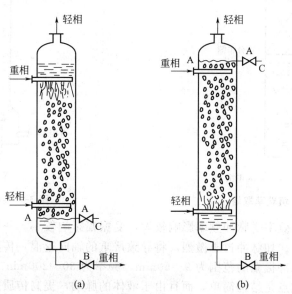

图 3-7 喷洒塔

升至塔顶分离段处凝聚形成轻液层排出装置。而连续相即重相，由上部进入，沿轴向下流与轻相液滴接触，至塔底与轻相分离后排出。

喷洒塔结构简单，塔体内除液体分散装置外，别无其他内部构件。缺点是轴向返混严重、传质效率极低，因而适用于仅需 1～2 个理论级、容易萃取的物系和分离要求不高的场合。

3. 填料萃取塔

填料萃取塔的结构与气液传质所用的填料塔基本相同，如图 3-8 所示。塔内装有适宜的填料，轻相由底部进入，顶部排出，重相由顶部进入，底部排出。萃取操作时，连续相充满整个塔中，分散相由分布器分散成液滴进入填料层，在与连续相逆流接触中进行传质。

填料层的作用除可以使液滴不断发生凝聚与再分散，以促进液滴的表面更新外，还可以减少轴向返混。常用的填料有拉西环和弧鞍填料。

填料萃取塔结构简单，操作方便，适合于处理腐蚀性料液，缺点是传质效率低，不适合处理有固体悬浮物的料液。一般用于所需理论级数较少（如 3 个萃取理论级）的场合。

4. 脉冲筛板塔

脉冲筛板塔亦称液体脉动筛板塔，是指由于外力作用使液体在塔内产生脉冲运动的筛板塔，其结构与气-液传质过程中无降液管的筛板塔类似，如图 3-9 所示。塔两端直径较大部分分别为上澄清段和下澄清段，中间为两相传质段，装有若干层具有小孔的筛板，板间距较小，一般为 50mm。在塔的下澄清段装有脉冲管，萃取操作时，由脉冲发生器提供的脉冲使塔内液体作上下往复运动，迫使液体经过筛板上的小孔，使分散相破碎成较小的液滴分散在连续相中，并形成强烈的湍动，使两相充分接触、混合，有利于传质过程的进行。输入脉冲的方式有活塞型、膜片型、风箱型、空气脉冲波型等。

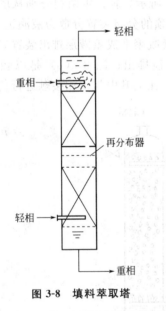

图 3-8 填料萃取塔

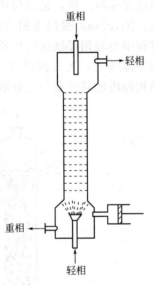

图 3-9 脉冲筛板塔

实践表明，萃取效率受脉冲频率影响较大，受振幅影响较小。一般认为频率较高、振幅较小的萃取效果较好。如脉冲过于激烈，将导致严重的轴向返混，传质效率反而下降。在脉冲萃取塔内，一般脉冲振幅的范围为 9～50mm，频率为 30～200min^{-1}。

脉冲筛板塔的优点是结构简单，而且由于液体的脉动，提高传质效率。缺点是塔的生产能力一般有所下降。因为在有液体脉动的塔中，液体的流速要比无脉动塔降低些，否则一相可能被另一相夹带出去。

5. 往复筛板塔

其结构如图3-10所示，将多层筛板按一定间距固定在中心轴上，筛板上不设溢流管，不与塔体相连。中心轴由塔顶的传动机构驱动而作往复运动，产生机械搅拌作用。筛板的孔径比筛板萃取塔的孔径大些，一般为7～16mm。当筛板向上运动时，筛板上侧的液体经筛孔向下喷射；反之，当筛板向下运动时，筛板下侧的液体向上喷射。为防止液体沿筛板与塔壁间的缝隙走短路，应每隔若干块筛板，在塔内壁设置一块环形挡板。

往复筛板萃取塔可较大幅度地增加相际接触面积和提高液体的湍动程度，传质效率高，流体阻力小，操作方便，生产能力大，是一种性能较好的萃取设备。在生产中应用日益广泛。由于机械方面的原因，这种塔的直径受到一定限制，目前还不适应大型化生产的需要。

6. 转盘萃取塔

转盘萃取塔的基本结构如图3-11所示，在塔体内壁上按一定间距装有若干个环形挡板，称为固定环，固定环将塔内分割成若干个小空间。两固定环之间均装一转盘。转盘固定在中心轴上，转轴由塔顶的电机驱动。转盘的直径小于固定环的内径，以便于装卸。

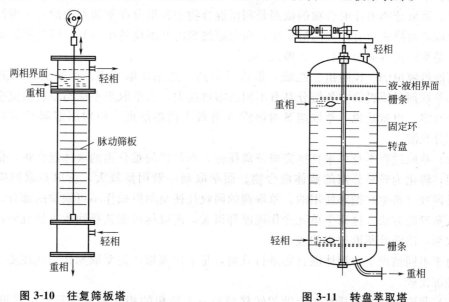

图3-10 往复筛板塔　　　　图3-11 转盘萃取塔

萃取操作时，转盘随中心轴高速旋转，其在液体中产生的剪应力将分散相破碎成许多细小的液滴，在液相中产生强烈的涡旋运动，从而增大了相际接触面积和传质系数。同时固定环的存在在一定程度上抑制了轴向返混，因而转盘萃取塔的传质效率较高。转盘萃取塔结构简单，传质效率高，生产能力大。

（三）离心萃取器

离心萃取器是利用离心力的作用使两相快速混合、快速分离的萃取装置。离心萃取器的类型较多，按两相接触方式可分为分级接触式和连续接触式两类。

分级接触式的离心萃取器相当于在离心分离器内加上搅拌装置，形成单级或多级的离心萃取系统，两相的作用过程和混合澄清器类似。而在连续接触式离心萃取器中，两相接触方式则与连续逆流萃取塔类似。如波德式离心萃取器是一种连续接触式的萃取设备，简称POD离心萃取器，其结构如图3-12所示。它由一水平转轴和随其高速旋转的圆柱形转鼓以及固定的外壳组成。转鼓由一多孔的长带卷绕而成，其转速很高，一般为2000～5000r/min，

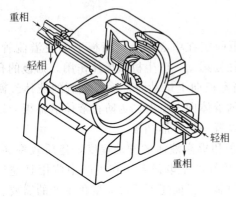

重相

轻相

轻相

重相

图 3-12 波德式离心萃取器

操作时轻、重液体分别由转鼓外缘和转鼓中心引入。由于转鼓旋转时产生的离心力作用，重液从中心向外流动，轻液则从外缘向中心流动，通过螺旋带上的各层筛孔被分散，两相逆流流动密切接触进行传质。最后重液和轻液分别由位于转鼓外缘和转鼓中心的出口通道流出。它适合于处理两相密度差很小或易乳化的物系。波德式离心萃取器的传质效率很高，其理论级数可达 3～12。

离心萃取器的优点是结构紧凑、体积小、生产强度高、物料停留时间短、分离效果好，特别适用于两相密度差小、易乳化、难分离及要求接触时间短、处理量小的场合。缺点是结构复杂、制造困难、操作费高。

四、萃取操作的特点

(1) 萃取分离液体混合物的依据是利用混合物中各组分在萃取剂中的溶解度的差异。故希望萃取剂对溶质应有较大的溶解度，而与原溶剂的互溶度越小越好。因此萃取剂选择是否适宜，是萃取过程能否进行的关键之一。

若原料液由 A、B 两组分组成，欲将其分离，选用萃取剂 S。萃取剂必须满足以下两点：①萃取剂对原料液中各组分具有不同的溶解能力；②萃取剂不能与原料液完全互溶，只能部分互溶。也就是说，萃取剂 S 对溶质 A 有较大的溶解度，而对原溶剂 B 应是完全不互溶或部分互溶。

(2) 萃取过程本身并未直接完成分离任务，而是将较难分离的液体混合物，借助萃取剂的作用，转化为较易分离的液体混合物。而萃取剂一般用量较大，所以萃取剂应是廉价易得，易回收(再生)循环使用的。萃取剂的回收往往是萃取操作不可缺少的部分，通常采用蒸馏或蒸发的方法。这两个单元操作耗能都很大，所以尽可能选择回收方便且回收费用较低的萃取剂，以降低萃取过程的成本。

对于不同情况下的液体混合物进行分离，是采用蒸馏还是萃取操作，往往要进行详细的技术经济比较。

(3) 萃取过程是溶质从一个液相转移到另一个液相的相际传质过程，原料液与萃取剂必须充分混合、密切接触。为利于相对流动与分层，要求两相必须具有一定的密度差。由于液-液两相密度差远不及气-液两相那样悬殊，故两相接触及分离不如萃取过程容易。在萃取过程中，除了借助重力外，常常还需借助外界输入机械能以促进两相的分散、凝聚及流动。

一般来说，在以下几种情况下采取萃取分离方法较为有利：

① 溶液中各组分的沸点非常接近，或者说组分之间的相对挥发度接近于 1。

② 混合液中的组成能形成恒沸物，用一般的萃取不能得到所需的纯度。

③ 混合液重要回收的组分是热敏性物质，受热易于分解、聚合或发生其他化学变化。

④ 需分离的组分浓度很低且沸点比稀释剂高，用萃取方法需蒸馏出大量稀释剂，耗能量很多。

当分离溶液中为非挥发性物质时，与其他分离方法比较，萃取过程处理的是两流体，操作比较方便，常常是优先考虑的方法。

五、萃取操作的工业应用

在石油化工中，液-液萃取已广泛应用于分离和提纯各种有机物质。轻油裂解和铂重整油产生的芳香烃混合物的分离就是其中的一例。含有芳香烃原料中除含有芳香烃外，还含有烷烃、环烷烃、烯等非芳香烃碳氢化合物，因此必须精炼芳香烃，此时使用液-液萃取是比较好的选择。环丁砜萃取芳香烃的方法，可以根据回收芳香烃的纯度需要而设计，同时可以生产纯度高的苯、甲苯和二甲苯。每天的处理量可达几万桶到几十万桶以上。环丁砜的负荷容量较大，选择性好，热稳定性好，同时对设备腐蚀性也小。由于环丁砜溶剂的密度大，比热容小和沸点高，因此也有利于萃取操作和溶剂回收。国内已采用环丁砜为溶剂，从加氢汽油和对二甲苯装置来的粗苯混合物中提取芳香烃。

润滑油精制是液-液萃取在石油化工中的又一应用。减压蒸馏塔的润滑油馏分，含有石蜡、沥青、胶质和芳香烃，应用萃取剂除去这些物质以达到精制的目的。润滑油精制首先要通过减压蒸馏塔的渣油经萃取剂脱沥青装置分离除去沥青后制得高黏度润滑油馏分，由于这种润滑油含有多环芳香烃，因而使黏度指数降低。经脱蜡、白土处理或加氢精制，并加入各种添加剂，就能制得高级润滑油。糠醛精制润滑油是目前应用最多的一种方法。由于糠醛具有较高的负荷容量和选择性，因此主要用于含蜡润滑油的处理。

在生化制药过程和精细化工生产中，生成的复杂有机混合液体大多为热敏性混合物，使用合适的萃取剂进行萃取，可以避免热敏性物料受热分解，提高了有效物质的利用率。例如青霉素的生产，用玉米发酵得到的含青霉素的发酵液，经过多次萃取可得到青霉素的浓溶液。可以说，萃取操作已在制药工业和精细化工中占有重要的地位。

液-液萃取在湿法冶金中也应用广泛，自 20 世纪 40 年代以来，在原子能工业发展迅速，大量的研究工作集中于铀、钍等金属提炼，萃取法几乎完全代替了传统的化学沉淀法。近20 年来，随着有色金属使用量的剧增，伴随而来的是开采矿石的品位逐年降低，促使萃取法在这一领域迅速发展起来。对于价格昂贵的有色金属如钴、镍、锆等，都应优先考虑溶剂萃取法，有色金属已逐渐成为萃取应用的领域。

任务二　萃取塔仿真操作

【任务介绍】

本任务是利用萃取塔仿真操作软件，训练萃取塔开车、停车、平稳运行操作及故障处理。具体目标如下。

知识目标：

(1) 理解萃取平衡理论；

(2) 掌握萃取基本计算；

(3) 熟悉影响萃取操作的因素。

技能目标：

(1) 能完成萃取塔正常开车、停车、平稳运行操作及故障处理；

(2) 能有效调控相关参数，使萃取塔尽早达到平稳运行。

素质目标：

培养知识应用能力、分析能力、动手能力、与人合作能力、遵守纪律意识等。

【任务分析】

萃取塔的操作看似简单，但由于不仅要控制塔底液面，同时塔顶液面也要严格控制，否则不仅分离质量难以保证、操作费用显著增加，盲目操作甚至还会出现安全隐患。利用仿真操作软件模拟真实操作是强化操作技能的有效途径，操作熟练后，方可实际操作。但要尽早达到具有较高的操作技能不仅需要反复练习，还需要用理论知识分析、指导操作。

【任务实施】

一、熟悉工艺过程

本仿真操作工艺流程图见图 3-13。

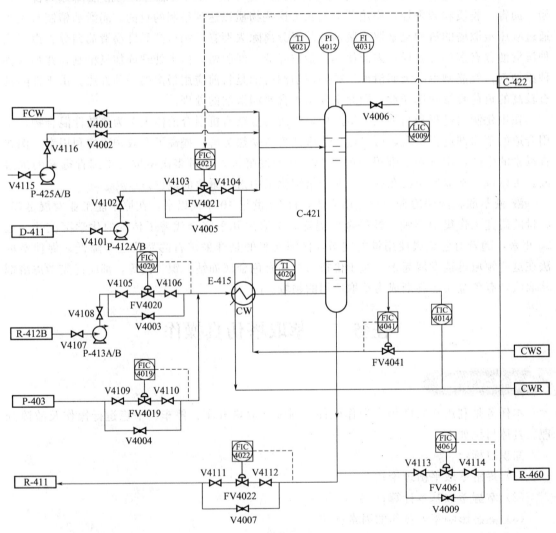

图 3-13　萃取塔单元带控制点流程图

通过萃取剂（水）来萃取丙烯酸丁酯生产过程中的催化剂（对甲苯磺酸）。具体工艺如下：

将自来水（FCW）通过阀 V4001 或者通过泵 P-425 及阀 V4002 送进催化剂萃取塔 C-421，当液位调节器 LIC4009 为 50％时，关闭阀 V4001 或者泵 P-425 及阀 V4002；开启泵

P-413 将含有产品和催化剂的 R-412B 的流出物在被 E-415 冷却后进入催化剂萃取塔 C-421 的塔底；开启泵 P-412A，将来自 D-411 作为溶剂的水从顶部加入。泵 P-413 的流量由 FIC4020 控制在 21126.6kg/h；P412 的流量由 FIC4021 控制在 2112.7kg/h；萃取后的丙烯酸丁酯主物流从塔顶排出，进入塔 C-422；塔底排出的水相中含有大部分的催化剂及未反应的丙烯酸，一路返回反应器 R-411A 循环使用，另一路去重组分分解器 R-460 作为分解用的催化剂。

主要设备如表 3-4 所示。

表 3-4　主要设备一览

设备位号	设备名称
P-425	进水泵
P-412A/B	溶剂进料泵
P-413	主物流进料泵
E-415	冷却器
C-421	萃取塔

二、冷态开车

进料前确认所有调节器为手动状态，调节阀和现场阀均处于关闭状态，机泵处于关停状态。

1. 灌水

（1）（当 D-425 液位 LIC4016 达到 50％时）全开泵 P-425 的前后阀 V4115 和 V4116，启动泵 P-425。

（2）打开手阀 V4002，使其开度为 50％，对萃取塔 C-421 进行罐水。

（3）当 C-421 界面液位 LIC4009 的显示值接近 50％，关闭阀门 V4002。

（4）依次关闭泵 P-425 的后阀 V4116，开关阀 V4123、前阀 V4115。

2. 启动换热器

开启调节阀 FV4041，使其开度为 50％，对换热器 E-415 通冷物料。

3. 引反应液

（1）依次开启泵 P-413 的前阀 V4107，开关阀 V4125，后阀 V4108，启动泵 P-413。

（2）全开调节器 FIC4020 的前后阀 V4105 和 V4106，开启调节阀 FV4020，使其开度为 50％，将 R-412B 出口液体经换热器 E-415，送至 C-421。

（3）将 TIC4014 投自动，设为 30℃；并将 FIC4041 投串级。

4. 引溶剂

（1）打开泵 P-412 的前阀 V4101，开关阀 V4124、后阀 V4102，启动泵 P-412。

（2）全开调节器 FIC4021 的前后阀 V4103 和 V4104，开启调节阀 FV4021，使其开度为 50％，将 D-411 出口液体送至 C-421。

5. 引 C-421 萃取液

（1）全开调节器 FIC4022 的前后阀 V4111 和 V4112，开启调节阀 FV4022，使其开度为 50％，将 C-421 塔底的部分液体返回 R-411A 中。

（2）全开调节器 FIC4061 的前后阀 V4113 和 V4114，开启调节阀 FV4061，使其开度为 50％，将 C-421 塔底的另外部分液体送至重组分分解器 R-460 中。

6. 调至平衡

（1）界面液位 LIC4009 达到 50％时，投自动。

(2) FIC4021 达到 2112.7kg/h 时，投串级。

(3) FIC4020 的流量达到 21126.6kg/h 时，投自动。

(4) FIC4022 的流量达到 1868.4kg/h 时，投自动；

(5) FIC4061 的流量达到 77.1kg/h 时，投自动。

三、正常运行

熟悉工艺流程，维持各工艺参数稳定；密切注意各工艺参数的变化情况，发现突发事故时，应先分析事故原因，并做正确处理。

四、正常停车

1. 停主物料进料

(1) 关闭调节阀 FV4020 的前后阀 V4105 和 V4106，将 FV4020 的开度调为 0。

(2) 关闭泵 P-413 的后阀 V4108，开关阀 V4125、前阀 V4107。

2. 灌自来水

(1) 打开进自来水阀 V4001，使其开度为 50%。

(2) 当罐内物料相中的 BA 的含量小于 0.9% 时，关闭 V4001。

3. 停萃取剂

(1) 将控制阀 FV4021 的开度调为 0，关闭前手阀 V4103 和 V4104。

(2) 关闭泵 P-412A 的后阀 V4102，开关阀 V4124、后阀 V4101。

4. 萃取塔 C-421 泻液

(1) 打开阀 V4107，使其开度为 50%，同时将 FV4022 的开度调为 100%。

(2) 打开阀 V4109，使其开度为 50%，同时将 FV4061 的开度调为 100%。

(3) 当 FIC4022 的值小于 0.5kg/h 时，关闭 V4107，将 FV4022 的开度置 0，关闭其前后阀 V4111 和 V4112；同时关闭 V4109，将 FV4061 的开度置 0，关闭其前后阀 V4113 和 V4114。

五、事故处理

常见事故及处理方法见表 3-5。

表 3-5 常见事故及处理方法

事故名称	主要现象	处理方法
P-412A 泵坏	1. P-412A 泵的出口压力急剧下降 2. FIC4021 的流量急剧减小	1. 停泵 P-412A； 2. 换用泵 P-412B
调节阀 FV4020 阀卡	FIC4020 的流量不可调节	1. 打开旁通阀 V4003； 2. 关闭 FV4020 的前后阀 V4105、V4106

【考核评价】

考核方式：仿真操作。

考核标准：由仿真操作软件自带，考核与操作同步，操作步骤和操作质量同时考核（详见操作软件）。

【知识链接】

一、液-液萃取相平衡

萃取过程至少涉及三个部分，即溶质 A、原溶剂 B 和萃取剂 S。常见的情况是 S 与 B 部分互溶，于是萃取相 E 和萃余相 R 都含有三个组分，其平衡关系通常用三角形相图表示。

常用的是等边三角形或直角三角形相图，其中以直角三角形最为简便。

1. 三角形相图

在三角形坐标图中常用质量百分数或质量分数表示混合物的组成，也可用物质的量分数表示。在直角三角形相图中，如图 3-14 所示，三个顶点分别表示三种纯组分，如图中 A 代表溶质 A 的组成为 100％，其他两组分的组成为零。B 点和 S 点分别代表纯的稀释剂和萃取剂。任一边上的某一点表示一个二元混合物，如图中 AB 边上的 E 点，代表 A、B 二元混合物，其中 A 的组成为 40％，B 的组成为 60％，S 的组成为零。如图中 M 代表有 A、B、S 三个组分组成的混合物。可先在两直角边上分别读出 A 的组成（在 AB 边上）和 S 的组成（在 BS 边上）。而 B 的组成可用 $x_A + x_B + x_S = 1$ 关系式求得（其中 x_A、x_B、x_S 分别代表三个组分的质量分数）。

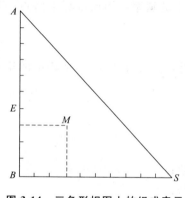

图 3-14　三角形相图上的组成表示

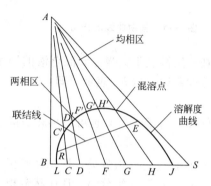

图 3-15　溶解度曲线和联结线

2. 相平衡关系在相图上的表示

（1）平衡类型　萃取处理三元混合液，按其组分之间互溶度的不同，可以分为三种类型。

① 溶质 A 可完全溶解于 B 和 S 中，而 B 和 S 不互溶。

② 溶质 A 可完全溶解于 B 和 S 中，但 B 和 S 只能部分互溶。

③ 溶质 A 与 B 完全互溶，B 和 S 部分互溶，A 和 S 部分互溶，形成一对以上的液相。

第一种情况较少见，属于理想的情况。生产实际中广泛遇到的是第二种情况。第三种情况会给萃取操作带来诸多不便，是应该避免的。

（2）溶解度曲线和联结线　设溶质 A 完全溶于稀释剂 B 溶剂 S 中，而 B 与 S 部分互溶，如图 3-15 所示。在一定温度下，组分 B 与组分 S 以任意数量相混合，必然得到两个互不相溶的液层，如图中所示的 L 点和 J 点。取一 B、S 二元体系，其组成位于 L 点和 J 点之间，如 C 点。若与总组成为 C 的二元混合液中逐渐加入组分 A 成为三元混合液，但其中组分 B 与 S 质量比为常数，故三元混合液的组成将沿 AC 线变化。若加入 A 的量恰好使混合液中由两相变为均一相时，相应组成坐标如图 C′ 所示，点 C′ 称之为混溶点或分层点。在位于总组成为 D、F、G、H 等二元混合液按上述方法作实验，分别得到一系列混溶点 D′、F′、G′ 及 H′，连接 L、C′、D′、F′、G′、H′ 及 J 诸点，成为一条曲线，即为在实验温度下的三元混合物的溶解度曲线。

溶解度曲线将三角形内部分为两个区域。曲线以内的区域为两相区，曲线以外的区域为单相区。萃取操作只能在两相区进行。平衡时三元物系的组成点位于两相区内时，该物系就分成两个共轭液相。代表共轭相组成的两点位于溶解度曲线上，联结此两点的直线称为联结

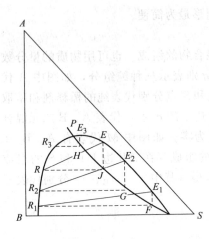

图 3-16 辅助曲线的作法

线，又称平衡线。图 3-15 中的 *RE* 线就是一条联结线。

一定温度下，三元物系的溶解度曲线和联结线是根据实验数据来标绘的，使用时若要求与已知相成平衡的另一相的数据，常借助辅助曲线（也称共轭曲线）求得。只要有若干组联结线数据即可作出辅助曲线。如图 3-16 所示，如果 *DE* 联结线，通过 *D* 点作 *DG* 线平行 *AC*，通过 *E* 点作 *EF* 平行于 *AB*，两线相交于 *H*，因此根据这一方法，由联结线画平行线，就可得到 *PHJ* 一根辅助曲线，辅助曲线终止于溶解度曲线上的点 *P*，相当于这一系统的临界状况，点 *P* 即为临界混溶点。由于联结线通常具有一定的斜率，因而临界混溶点一般不在溶解度曲线的顶点。

3. 分配系数

在一定温度下，当三元混合液的两个液相达平衡时，溶质在 E 相于 R 相中的组成之比称为分配系数，以 k_A 表示，即：

$$k_A = y_A / x_A \tag{3-1}$$

同样，对于组分 B 也可写出相应的表达式，即

$$k_B = y_B / x_B \tag{3-2}$$

式中　y_A、y_B——组分 A、B 在萃取相 E 中的质量分数；

　　　x_A、x_B——组分 A、B 在萃余相 R 中的质量分数。

分配系数表达了某一组分在两个平衡液相中的分配关系。k_A 值愈大，萃取分离的效果愈好。k_A 值与联结线的斜率有关，不同物系具有不同的分配系数值。同一物系，k_A 值随温度而变，在恒定温度下的 k_A 值随溶质 A 的组成而变，只有在温度变化不大或恒温条件下的 k_A 值才可近似视为常数。

4. 分配曲线

相平衡关系也可以在 x-y 直角坐标中表示，如图 3-17 所示。以萃余相 R 中溶质 A 的组成 x_A 为横标，以萃取相 E 中溶质 A 的组成 y_A 为纵标，互成平衡的 E 相和 R 相中组分 A 组成均标于 y-x 图上，得到曲线 ONP，称为分配曲线。图中，在分层区浓度范围内，E 相内溶质 A 的组成 y_A 均大于 R 相内溶质 A 的组成，即分配系数 $k_A > 1$，故分配曲线位于 $y =$

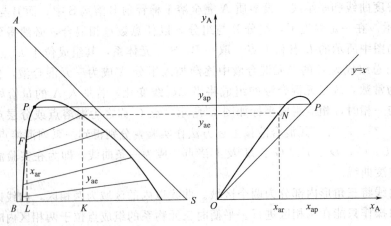

图 3-17 由一对组分部分互溶时的分配曲线

x 线上侧。若随溶质 A 浓度的变化，联结线发生倾斜方向改变，则分配曲线将与对角线出现交点，这种物系称为等溶度体系。

二、萃取物料平衡

萃取物料平衡遵循杠杆规则。

共轭相 E 和 R 的量，可以从相图中求取。如图 3-18 所示，设三角形相图内任一点 M 表示 E 相和 R 相混合后混合液的总组成，M 点称为和点，而 E 点和 R 点则称为差点。且 E、M、R 三点在一条直线上，各液相的质量间的关系可用杠杆规则来描述，即：

（1）代表混合液总组成的 M 点及 R 点，应处于同一直线上。

（2）E 相与 R 相的量和线段 MR 与 ME 成比例。

E 相和 R 相的质量比为：

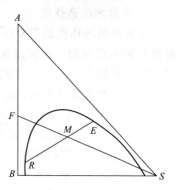

图 3-18　杠杆规则

$$\frac{E}{R} = \frac{\overline{MR}}{\overline{ME}} \tag{3-3}$$

式中　E、R——E 相和 R 相的质量，kg；

$\overline{MR}$，$\overline{ME}$——线段 MR 与 ME 的长度。

图 3-18 中点 E 代表相应液相组成的坐标，而式(3-3)中的 R 及 E 代表相应液相的质量或质量流量，以后的内容均此规定进行。

同理，若上述三元混合物（M 点）是由一双组分（A 和 B）混合物（F 点）与组分 S 混合而成，则混合液总组成的坐标 M 点沿 SF 线而变，具体位置由杠杆规则确定，即

$$\frac{\overline{MF}}{\overline{MS}} = \frac{S}{F} \tag{3-4}$$

式中　S、F——S 相和 F 相的质量，kg；

$\overline{MF}$、$\overline{MS}$——线段 MF 与 MS 的长度。

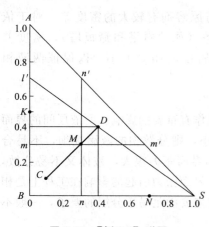

图 3-19　【例 3-1】附图

【例 3-1】　如图 3-19 所示，试求：①K、N、M 点的组成；②若组成为 C 和 D 的三元混合液的和点为 M，质量为 180kg，求 C 与 D 的量各为多少？

解　① K 点在 AB 边上，故由 A、B 两组分组成，其中

$$x_A = 0.5，x_B = 0.5$$

N 点在 BS 边上，故由 B、S 两组分组成，其中

$$x_B = 0.3，x_S = 0.7$$

M 点在三角形内，故由 A、B、S 三组分组成，过 M 点作 BS 边平行线 mm'，作 AB 边平行线 nn'，则

$$x_A = 0.3，x_S = 0.3$$
$$x_A x_B = 1 - x_A - x_S = 1 - 0.3 - 0.3 = 0.4$$

② 由图 CM、MD 两线段在 AB 边上的投影坐标可以得出，CM 长度是 MD 的两倍，根据杠杆规则

$$\frac{C}{D} = \frac{MD}{CM} = \frac{1}{2}$$

而　　　　　　　　　　　　$C + D = M = 180$（kg）

解得
$$C=60 \text{（kg）}$$
$$D=120 \text{（kg）}$$

三、萃取剂的选择原则

选择适宜的萃取剂，是萃取操作能否顺利进行而且经济合理的关键。性能良好的萃取剂不仅可大大减少分离难度，而且可降低分离成本。选择适宜的萃取剂需要从以下方面考虑。

1. 萃取剂的选择性

萃取剂的选择性是指萃取剂 S 应对原料液中溶质 A 具有良好的溶解能力，同时又是原溶剂 B 的不良溶剂，也就是说萃取剂 S 对溶质 A 的溶解能力比对稀释剂 B 的溶解能力大得多，即萃取相中 y_A 比 y_B 大得多，萃余相中 x_B 比 x_A 大得多，这种对萃取剂选择性的要求可以用选择性系数 β 表示，即：

$$\beta=\frac{\text{A 在萃取相中的质量分数}}{\text{B 在萃取相中的质量分数}} \bigg/ \frac{\text{A 在萃余相中的质量分数}}{\text{B 在萃余相中的质量分数}} = \frac{y_A}{y_B} \bigg/ \frac{x_A}{x_B} \tag{3-5}$$

式中　y_A/y_B——萃取相中 A、B 的组成之比；

x_A/x_B——萃余相中 A、B 的组成之比。

将式(3-1) 代入式(3-5) 中，得

$$\beta=k_A \frac{x_B}{y_B} \tag{3-6}$$

β 值直接与 k_A 有关，k_A 值愈大，β 值也愈大。一般情况下，B 在萃余相中总是比萃取相中高，所以萃取操作中，β 值均应大于 1。β 值越大，越有利于组分的分离；若 $\beta=1$，由式(3-5)，则 $y_A/y_B=x_A/x_B$，萃取相和萃余相在脱溶剂 S 后，将具有相同的组成，并且等于原料液组成，故无分离作用。另一方面，β 值愈大时将愈有利于萃取分离。萃取剂的选择性高，对溶质的溶解能力大，对于一定的分离任务，可减少萃取剂用量，降低回收溶剂操作的能量消耗，并且可获得高纯度的产品 A。

2. 密度

为使萃取相与萃余相能较快地分层，要求萃取剂与原溶剂有较大的密度差。对于依靠密度差使两相发生分散、混合和相对运动的萃取设备（如填料塔和筛板塔），密度差的增大也有利于传质，故在选择萃取剂时，应考虑其密度的相对大小，以保证两液相迅速分层。

3. 界面张力

萃取剂与原溶液、原溶剂之间的界面张力也对萃取操作有重要的影响。两液层间的界面张力同时取决于两种液体的物性，若物系的界面张力过小，则分散相的液滴很细，不易合并、集聚，严重时会产生乳化现象，因而难以分层；但如界面张力很大，液体又不易分散，单位体积液体内相际传质面积减小，不利于传质。因此，界面张力引起的影响在工程上是相互矛盾的。实际生产中，从提高设备的生产能力考虑，首先要满足易于分层的要求，一般不宜选择与原料液间界面张力过小的萃取剂。

4. 萃取剂回收的难易

萃取剂通常需回收循环使用，萃取剂回收的难易直接影响萃取的操作费用。分层后的萃取相及萃余相，通常以蒸馏法分别进行分离，故要求萃取剂与其他被分离组分间的相对挥发度大，特别是不应有恒沸物形成。若被萃取的溶质是不挥发的或挥发度很低的物质，可采用蒸发或闪蒸方法回收萃取剂。此时，希望萃取剂的汽化潜热要小，以减少热量消耗。

5. 其他

所选用的萃取剂还应满足稳定性好，腐蚀性小，无毒，不易着火、爆炸，来源容易，价格较低等要求。此外，还希望它的黏度小，以利于输送及传质；蒸气压低，以减少汽化损失。

一般来说，很难找到满足上述所有要求的萃取剂，而萃取剂又是萃取过程的首要问题，故应当充分了解可供选择的萃取剂的主要性质，再根据实际情况加以权衡、合理选择。

四、萃取塔的开车操作原则

在萃取塔开车时，先将连续相注满塔中，若连续相为重相（即相对密度较大的一相），液面应在重相入口高度处为宜，关闭重相进口阀，然后开启分散相，使分散相不断在塔顶分层段凝聚。随着分散相不断进入塔内，在重相的液面上形成两液相界面并不断升高。当两相界面升高到重相入口与轻相出口处之间时，再开启分散相出口阀和重相的进出口阀，调节流量或重相升降管的高度使两相界面维持在原高度。当重相作为分散相时，则分散相不断在塔底的分层段凝聚，两相界面应维持在塔底分层段的某一位置上，一般在轻相入口处附近。

任务三　萃取塔实际操作

【任务介绍】

正确完成萃取塔的开车、停车以及平稳操控。并通过学习、训练，实现以下具体目标。

知识目标：

（1）了解萃取剂的选择方法；

（2）熟悉影响萃取操作因素。

技能目标：

（1）能完成萃取塔正常停车；

（2）会观察、判断异常操作现象，并能做出正确处理。

素质目标：

培养安全意识、分析能力、动手能力、与人合作能力、遵守纪律意识等。

【任务分析】

由开车到运行平稳是萃取塔操作中重要一环，需要对装置流程、工艺条件、操作方案熟练掌握才能进行，开车前还要做好多方面准备工作，包括安全防护、事故处理预案及开工条件的准备等。还要具备相关知识，相关岗位做好沟通、配合。

停车操作也是萃取塔操作较为主要的操作环节，必须在熟知操作方案后才能操作。操作前以及操作中要与相关岗位人员做好沟通、配合，要对可能出现的问题做出预案、做好安全防护。对异常现象的分析、判断和正确处理，是需要经验积累和具备相关知识才能完成，而且，不同装置的具体条件不同，停车操作和异常现象及处理方法会有所不同，在此侧重基本训练。

【任务实施】

一、下发任务单

课前下发，每人一份，要求学生明确任务单要求，以小组为单位收集、查阅相关资料，有针对性预习，做好准备工作。

二、预习情况检查

检查方式：随机抽查各组准备情况。

任 务 单

组别：　　　　　　　　　　姓名：　　　　　　　　　　学号：

任务名称	任务三　萃取塔实际操作	
上课时间	年　月　日第　节	上课地点	

具体要求：

1. 会配制含苯甲酸 10％左右的苯甲酸-煤油饱和溶液；
2. 清楚本岗位操作的安全与防护；
3. 熟悉内操、外操及班长等岗位职责；
4. 会用萃取原理分析物料在塔内的传质过程；
5. 了解影响正常操作的因素，会测定萃取塔的萃取率；
6. 熟悉工艺流程、工艺指标及其控制方法；
7. 能正确进行开车前的检查、查摆流程；
8. 能熟练完成装置的冷态开车、平稳调节、异常情况处理和正常停车操作。

三、开车前准备

1. 熟悉工艺操作指标

（1）温度控制　轻相泵出口温度：室温；重相泵出口温度：室温。

（2）流量控制　萃取塔进口空气流量：10～50L/h。

（3）轻相泵出口流量：7～20L/h。

（4）重相泵出口流量：7～20L/h。

（5）液位控制　当水位达到萃取塔塔顶（玻璃视镜段）1/3 位置。

（6）压力控制　气泵出口压力：0.01～0.02MPa；空气缓冲罐压力：0～0.02MPa；空气管道压力控制：0.01～0.03MPa。

2. 检查装置

（1）由相关操作人员组成装置检查小组，对本装置所有设备、管道、阀门、仪表、电气、分析等按工艺流程图要求和专业技术要求进行检查。

（2）检查所有仪表是否处于正常状态。

（3）检查所有设备是否处于正常状态。

（4）试电。

（5）检查外部供电系统，确保控制柜上所有开关均处于关闭状态。

（6）开启外部供电系统总电源开关。

（7）打开控制柜上空气开关 33（QF1）。

（8）打开 24V 电源开关以及空气开关 10（QF2），打开仪表电源开关。查看所有仪表是否上电，指示是否正常。

（9）将各阀门顺时针旋转操作到关的状态。

3. 原料准备

（1）取苯甲酸一瓶（0.5kg）、煤油 50kg，在敞口容器内配制成苯甲酸-煤油饱和溶液，并滤去溶液中未溶解的苯甲酸。

（2）将苯甲酸-煤油饱和溶液加入轻相储槽，到其容积的 1/2～2/3。

（3）在重相储槽内加入自来水，控制水位在 1/2～2/3。

四、开车

（1）关闭萃取塔排污阀（V19）、萃取相储槽排污阀（V23）、萃取塔液相出口阀（及其旁路阀）（V33、V21、V22）。

（2）开启重相泵进口阀（V25），启动重相泵（P-202），打开重相泵出口阀（V27），以重相泵的较大流量（40L/h）从萃取塔顶向系统加入清水，当水位达到萃取塔塔顶（玻璃视镜段）1/3 位置时，打开萃取塔重相出口阀（V21、V22），调节重相出口调节阀（V33），控制萃取塔顶液位稳定。

（3）在萃取塔液位稳定基础上，将重相泵出口流量降至 10L/h，萃取塔重相出口流量控制在 10L/h。

（4）打开缓冲罐入口阀（V02），启动气泵，关闭空气缓冲罐放空阀（V04），打开缓冲罐气体出口阀（V05），调节适当的空气流量，保证一定的鼓泡数量。

（5）观察萃取塔内气液运行情况，调节萃取塔出口流量，维持萃取塔塔顶液位在玻璃视镜段 1/3 处位置。

（6）打开轻相泵进口阀（V16）及出口阀（V18），启动轻相泵，将轻相泵出口流量调节至 10L/h，向系统内加入苯甲酸-煤油饱和溶液，观察塔内油-水接触情况，控制油-水界面稳定在玻璃视镜段 1/3 处位置。

（7）轻相逐渐上升，由塔顶出液管溢出至萃余分相罐，在萃余分相罐内油-水再次分层，轻相层经萃余分相罐轻相出口管道流出至萃余相储槽，重相经萃余分相罐底部出口阀后进入萃取相储槽，萃余分相罐内油-水界面控制以重相高度不得高于萃余分相罐底封头 5cm 为准。

（8）当萃取系统稳定运行 20min 后，在萃取塔出口处取样口（A201、A203）采样分析。

（9）改变鼓泡空气、轻相、重相流量，获得 3～4 组实验数据，做好操作记录。

五、平稳运行

（1）按照要求巡查各界面、温度、压力、流量液位值并做好记录。

（2）分析萃取、萃余相的浓度并做好记录、能及时判断各指标是否正常；能及时排污。

（3）控制进、出塔重相流量相等，控制油-水界面稳定在玻璃视镜段 1/3 处位置。

（4）控制好进塔空气流量，防止引起液泛，保证良好的传质效果。

（5）当停车操作时，要注意及时开启分凝器的排水阀，防止重相进入轻相储槽。

（6）用酸碱滴定法分析苯甲酸浓度。

六、停车

（1）停止轻相泵，关闭轻相泵进出口阀门。

（2）将重相泵流量调整至最大，使萃取塔及分相器内轻相全部排入萃余相储槽。

（3）当萃取塔内、萃余分相罐内轻相均排入萃余相储槽后，停止重相泵，关闭重相泵出口阀（V27），将萃余分相罐内重相、萃取塔内重相排空。

（4）进行现场清理，保持各设备、管路的洁净。

（5）做好操作记录。

（6）切断控制台、仪表盘电源。

七、设备维护及检修

（1）磁力泵的开、停、正常操作及日常维护。

（2）气泵的开、停、正常操作及日常维护。

（3）填料萃取塔的构造、工作原理、正常操作及维护。

（4）主要阀门（萃塔顶界面调节，重相、轻相流量调节）的位置、类型、构造、工作原理、正常操作及维护。

（5）温度、流量、界面的测量原理；温度、压力显示仪表及流量控制仪表的正常使用。

八、操作记录

操作过程要如实、按要求做好记录，填写记录表。对产品取样分析结果做好记录，如实填写分析报告单。

操作记录要求

1. 从投料开始，每 5min 记录一次操作条件。

2. 书写规范、清晰，不得涂改。确有需更改的，按照要求在错误记录上画一斜杠，在其旁边写上正确数字，再签字，说明对记录的真实性负责。

萃取操作记录

日期：　　年　　月　　日（星期　）　时　分至　时　分　操作人员名单：

实训项目：萃取装置正常运行操作　　　　　　　　　装置编号：　　组长：　　记录员：

时间 /min	缓冲罐 压力 /MPa	分相器 液位 /mm	空气流量 /(m³/h)	萃取相 流量 /(L/h)	萃余相 流量 /(L/h)	萃余相 进口浓度 /mg (NaOH)	萃余相 出口浓度 /mg (NaOH)	萃取相 出口浓度 /mg (NaOH)	萃取 效率 %	操作记事
										异常情况记录

【考核评价】

教师对小组操作过程全程考核，具体包括开车准备、开车操作、平稳运行、停车操作、数据处理和安全文明操作六个方面的考核，并填写萃取操作评分表。有 22 个评判点，总分值 100 分。

萃取装置操作评分表

组别：_____　装置号：_____　日期：_____操作时间起于_____止于_____用时_____　总评成绩_____

操作阶段/ 规定时间	考核内容	操作内容	分数	得分
准备工作 (10min)	设备检查，流程叙述 配备原料	泵及各阀门均应完好并处于关闭状态,检查操作设施是否完好,流程叙述及查摆正确。 配制成苯甲酸-煤油饱和溶液,加入轻相储槽,到其容积的 1/2~2/3。在重相储槽内加入自来水,控制水位在 1/2~2/3	6	

续表

操作阶段/规定时间	考核内容	操作内容	分数	得分
开车操作（20min）	重相投料	关闭萃取塔排污阀、萃取相储槽排污阀、萃取塔液相出口阀。	3	
		开启重相泵进口阀，启动重相泵，打开重相泵出口阀，从萃取塔顶向系统加入清水，当水位达到1/3位置时，打开萃取塔重相出口阀，调节重相出口调节阀，控制萃取塔顶液位稳定	5	
		在萃取塔液位稳定基础上，将重相泵出口流量降至10L/h，萃取塔重相出口流量控制在10L/h	5	
		打开缓冲罐入口阀，启动气泵，关闭空气缓冲罐放空阀，打开缓冲罐气体出口阀，调节适当的空气流量，保证一定的鼓泡数量	3	
		观察萃取塔内气液运行情况，调节萃取塔出口流量，维持萃取塔塔顶液位在玻璃视镜段1/3处位置。	4	
	轻相投料	打开轻相泵进口阀及出口阀，启动轻相泵，将轻相泵出口流量调节至10L/h，向系统内加入苯甲酸-煤油饱和溶液，观察塔内油-水接触情况，控制油-水界面稳定在玻璃视镜段1/3处位置	6	
		萃余分相罐内油-水再次分层，轻相层至萃余相储槽，重相进入萃取相储槽，萃余分相罐内油-水界面控制以重相高度不得高于萃余分相罐底封头5cm为准	3	
		当萃取系统稳定运行20min后，在萃取塔出口处取样口（A201、A203）采样分析	6	
		改变鼓泡空气、轻相、重相流量，获得3～4组实验数据，做好操作记录	6	
正常运行（40min）	正确操作；测定、记录符合要求，清晰、准确	按照要求巡查各界面、温度、压力、流量液位值并做好记录	4	
		分析萃取、萃余相的浓度并做好记录，能及时判断各指标否正常；能及时排污	4	
		控制进、出塔重相流量相等，控制油-水界面稳定在玻璃视镜段1/3处位置	4	
		控制好进塔空气流量，防止引起液泛，保证良好的传质效果	4	
		当停车操作时，要注意及时开启分凝器的排水阀，防止重进入轻相储槽	4	
		用酸碱滴定法分析苯甲酸浓度	6	
停车操作（15min）	按步骤停车	停止轻相泵，关闭轻相泵进出口阀门 将重相泵流量调整至最大，使萃取塔及分相器内轻相全部排入萃余相储槽	4	
		当萃取塔内、萃余分相罐内轻相均排入萃余相储槽后，停止重相泵，关闭重相泵出口阀，将萃余分相罐内重相、萃取塔内重相排空	4	
		切断控制台、仪表盘电源。进行现场清理，保持各设备、管路的洁净	4	
数据处理（20min）	计算萃取率	依据相关理论计算 CO_2 萃取率	5	
安全文明操作	安全、文明、礼貌	着装符合职业要求；正确操作设备、使用工具；操作环境整洁、有序；听从指挥	10	

【知识链接】

一、萃取塔的开车、停车操作原则

在萃取塔开车时，先将连续相注满塔中，若连续相为重相（即相对密度较大的一相），液面应在重相入口高度处为宜，关闭重相进口阀，然后开启分散相，使分散相不断在塔顶分层段凝聚。随着分散相不断进入塔内，在重相的液面上形成两液相界面并不断升高。当两相界面升高到重相入口与轻相出口处之间时，再开启分散相出口阀和重相的进出口阀，调节流量或重相升降管的高度使两相界面维持在原高度。当重相作为分散相时，则分散相不断在塔底的分层段凝聚，两相界面应维持在塔底分层段的某一位置上，一般在轻相入口处附近。

萃取塔在维修、清洗时或工艺要求下需要停车。对连续相为重相的停车时首先应关闭连续相的进出口阀，再关闭轻相的进口阀，让轻重两相在塔内静置分层。分层后慢慢打开连续相的进口阀，让轻相流出塔外，并注意两相的界面，当两相界面上升至轻相全部从塔顶排出时，关闭重相进口阀，让重相全部从塔底排出。

对于连续相为轻相的，相界面在塔底，停车时首先应关闭重相进出口阀，然后再关闭轻相进出口阀，让轻重两相在塔中静置分层。分层后打开塔顶旁路阀，塔内接通大气，然后慢慢打开重相出口阀，让重相排出塔外。当相界面下移至塔底旁路阀的高度处关闭重相出口阀，打开旁路阀，让轻相流出塔外。

二、影响萃取操作的主要因素

1. 萃取剂

萃取剂的性质、用量、纯度对萃取分离效果都有影响。对于已选定的萃取剂，在一定操作条件下，其用量基本稳定，过多操作费用会显著增加，过少达不到分离要求。贫液中萃取剂纯度越高，萃取推动力越大，萃取能力越强，但再生费用越高，因此萃取剂与原料液要有适宜的比例。

2. 萃取温度

对同一物系，三角形相图中的两相区大小，随着温度的升高而减小，即说明萃取操作范围随着温度的升高而减小，所以操作温度低对萃取过程有利。另一方面，随着温度的降低，液体的黏度增大，从而导致传质速率降低，对萃取过程不利。故综合考虑，应选择一适宜的操作温度。

温度对溶剂的溶解度和选择性影响很大。温度升高时，溶解度将会增大，有利于溶质回收率的增加，但是随着溶剂回收率的增加，稀释剂在溶剂中的溶解度也会增大，而且可能比溶剂增加的更多，因而使溶剂的选择性变差，使产品的芳烃纯度下降。通常采用调整贫溶剂入塔温度来控制塔的操作温度。

3. 萃取压力

抽提塔操作压力对芳烃纯度和芳烃回收率影响不大。但是，抽提塔操作压力适宜，就保证了原料处于泡点下液相状态。否则抽提塔的汽化会降低抽提效率，并限制塔内流速。压力本身不能影响抽提塔的溶解度和选择性，为防止可能压力骤增，应避免进出抽提塔的流量的突然变化。另外，抽提塔操作压力与界面控制有密切关系。

【知识拓展】

一、回流萃取

回流萃取是在常规逆流塔的一端或两端设置回流装置。如图 3-20 所示，在塔上增加一个塔段，并在塔顶引入部分含溶质组成更高、且和萃取相不完全互溶的萃取液作为回流，此过程使萃取相进一步增浓。原料液从塔中适宜位置加入，溶剂从塔底加入。进料级以上称为洗涤段或增浓段；进料级及其以下塔段称为萃取段或提浓段。

在提浓段，萃取相组成逐渐上升，萃余相组成逐渐下降，两相在各级接触中实现萃取。萃取相进入增浓段后，在上升过程中，和流下的含溶质组成更高的回流液接触，进一步萃取，使萃取相中溶质组成继续增加，从塔顶引出萃取相后进行脱溶剂操作，获得的萃取液一部分返回塔顶作为回流，其余作为产品排出，溶剂返回塔底循环使用。增浓段的回流液进入提浓段成为萃余相，在逐级下降过程中，和上升的萃取相逐级萃取，其溶质组成不断减少，当流到塔底时，组成降到最低。最后进行脱溶剂操作，溶剂返回系统循环使用。

二、双溶剂萃取

双溶剂萃取又叫分馏萃取或复合萃取，其流程如图 3-21 所示。选择一种新溶剂，对溶质溶解度较小，对原溶剂溶解度较大，且和萃取溶剂 S 部分互溶或完全不溶，此溶剂作为洗涤溶剂，在逆流萃取塔顶加入。原料液从塔中适宜位置引入，萃取溶剂从塔底加入。进料级将塔分为两段。进料级以下包括进料级在内的塔段称为萃取段，进料级以上称为洗涤段。萃取段就是常规的多级逆流萃取，从萃取段流出的萃取相在洗涤段逐渐上升，和流下的洗涤溶剂多次逆向接触时，萃取相中原溶剂组分 B 则向"萃余相"-洗涤溶剂转移，从而使萃取相在洗涤段上升过程中经多次洗涤，原溶剂组分 B 含量不断下降，因此混合物得到进一步分离。当洗涤溶剂降到萃取段时，由于其对萃余相中原溶剂组分具有较强的溶解能力，从而抑制了萃余相中原溶剂向萃取相的转移，促进了溶质和原溶剂在萃取段的分离。

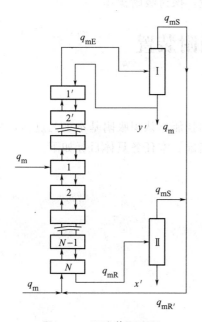

图 3-20　回流萃取流程

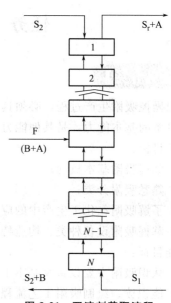

图 3-21　双溶剂萃取流程

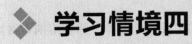

吸 附 操 作

吸附是用于均相混合物分离的又一种操作，是脱除液体或气体中含有少量或痕量杂质时制取高纯度物质常采用的方法，在石油炼制、有机化工、煤化工等工业领域应用较为广泛。在此，以石化企业氢气净化变压吸附装置为学习情境，探讨吸附操作。

任务一　认识吸附装置

【任务介绍】

要想操控吸附生产过程，必须具备相关的知识和技能。认识吸附基本工艺过程，又是最应首先具备的基本能力，是其他能力具备的前提和基础。本任务具体目标如下。

知识目标：

（1）掌握吸附基本概念；

（2）熟悉吸附分类；

（3）了解吸附在化工生产中的应用；

（4）掌握吸附设备种类、构造特点。

技能目标：

（1）认识吸附主要设备及基本工艺流程；

（2）能识读、绘制吸附工艺流程简图。

素质目标：

培养知识应用能力、分析能力、自学能力、与人合作能力、遵守纪律意识等。

【任务分析】

分离混合物的方法有很多，吸附是方法之一。吸附原理决定了此法的分离特点，也决定了吸附设备的结构。因此，要在理解吸附原理的基础上认识吸附装置，并通过绘制、识读吸附设备结构，强化对吸附基本工艺过程的记忆和理解。

【任务实施】

将学生分成小组，每组 6～8 人，以小组为单位开展如下活动。

以小组为单位，参观正常运行的氢气变压吸附装置。借助资料、自主学习、展开小组讨论。在老师引导下，从吸附分离原理、基本工艺流程及设备结构等方面展开学习。

一、观察吸附装置的构成

图 4-1 为富氢气体中回收氢气变压吸附装置。通过观察实际装置，认识吸附塔、汽液分

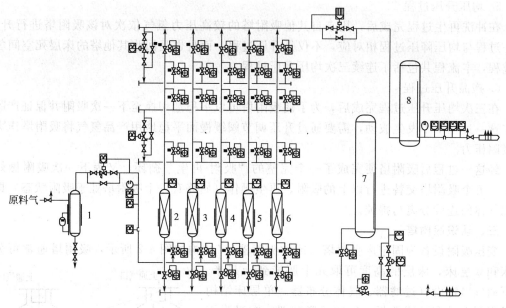

图 4-1　氢气变压吸附流程

1—汽液分离器；2~6—吸附塔；7—解吸气缓冲罐；8—产品气缓冲罐

离器、储罐等主要设备及工艺流程。

二、查走、叙述吸附流程

本装置变压吸附（PSA）工序采用 5-1-3PSA 工艺，即装置由五个吸附塔组成，其中一个吸附塔始终处于进料吸附状态，其工艺过程由吸附、三次均压降压、顺放、逆放、冲洗、三次均压升压和产品最终升压等步骤组成，具体工艺过程如下。

经过预处理后的富氢气自塔底进入吸附塔中正处于吸附工况的吸附塔，在吸附剂选择吸附的条件下一次性除去氢以外的绝大部分杂质，获得纯度大于 99.9%的氢气，从塔顶排出。当被吸附杂质的传质区前沿（称为吸附前沿）到达床层出口预留段某一位置时，停止吸附，转入再生过程。吸附剂的再生过程依次如下。

1.均压降压过程

这是在吸附过程结束后，顺着吸附方向将塔内的较高压力的氢气放入其他已完成再生的较低压力吸附塔的过程，这一过程不仅是降压过程，更是回收床层死空间氢气的过程，本流程共包括了三次连续的均压降压过程，以保证氢气的充分回收。

2.顺放过程

在均压回收氢气过程结束后，继续顺着吸附方向进行减压，顺放出来的氢气放入顺放气缓冲罐中混合并储存起来，用作吸附塔冲洗的再生气源。

3.逆放过程

在顺放结束、吸附前沿已达到床层出口后，逆着吸附方向将吸附塔压力降至接近常压，此时被吸附的杂质开始从吸附剂中大量解吸出来，解吸气送至解吸气缓冲罐用作预处理系统的再生气源。

4.冲洗过程

逆放结束后，为使吸附剂得到彻底的再生，用顺放气缓冲罐中储存的氢气逆着吸附方向冲洗吸附床层，进一步降低杂质组分的分压，并将杂质冲洗出来。冲洗再生气也送至解吸气缓冲罐用作预处理系统的再生气源。

5. 均压升压过程

在冲洗再生过程完成后，用来自其他吸附塔的较高压力氢气依次对该吸附塔进行升压，这一过程与均压降压过程相对应，不仅是升压过程，而且也是回收其他塔的床层死空间氢气的过程，本流程共包括了连续三次均压升压过程。

6. 产品升压过程

在三次均压升压过程完成后，为了使吸附塔可以平稳地切换至下一次吸附并保证产品纯度在这一过程中不发生波动，需要通过升压调节阀缓慢而平稳地用产品氢气将吸附塔压力升至吸附压力。

经这一过程后吸附塔便完成了一个完整的"吸附-再生"循环，又为下一次吸附做好了准备。五个吸附塔交替进行以上的吸附、再生操作（始终有一个吸附塔处于吸附状态）即可实现气体的连续分离与提纯。

三、认识吸附塔

变压吸附设备为固定床吸附塔（或称吸附器）。结构如图4-2所示，吸附塔通常可分单层床和双层床，床层的高度可取几十厘米到十几米。上下通气口皆设有过滤器、气体分布器。单层床结构在吸附剂上设有丝网孔板、气缸压紧装置，在吸附塔工作时，气缸活塞受压差产生一个下推力并通过丝网孔板把吸附剂压紧，避免了因气流过大而造成的吸附剂沸腾流化、过滤器丝网被冲击破损现象，从而延长吸附剂的寿命，保证吸附塔的正常运行。

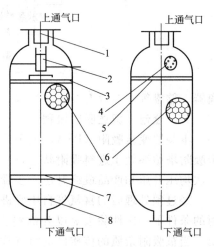

图4-2　固定床吸附塔示意
1—过滤器；2—压紧装置；
3—丝网孔板；4—压紧填料；
5—丝网；6—分子筛；
7—下过滤器；8—气体分布器

该结构简单可靠，造价低，吸附剂磨损少，操作方便。在气缸活塞允许的行程内，能很好地克服吸附剂沸腾粉尘现象。而双层床结构设置了双层填料，在吸附剂上部增添了压紧填料，两者之间通过丝网隔开，在吸附塔工作时，依靠压紧填料的重量压紧丝网吸附剂，同样起到单层床压紧装置的作用，并不受以上所说的行程限制，但该结构在设计或装配不当的情况下，运行时会发生中间丝网倾斜造成吸附剂和压紧填料相混合的现象，从而导致吸附剂的加剧磨损。

四、分析吸附过程

（一）吸附

吸附是利用某些多孔性固体具有能够从流体混合物中选择性地凝聚一定组分在其表面上的能力，使混合物中各组分分离的过程，是分离和纯化气体与液体混合物的重要单元操作之一。在化工、炼油、轻工、食品及环保等领域应用广泛。

当流体与某些多孔性固体接触时，固体的表面对流体分子会产生吸附作用，其中多孔性固体物质称为吸附剂，而被吸附的物质称为吸附质。

固体表面上的原子或分子的力场和液体的表面一样，处于不平衡状态，表面存在着剩余吸引力，具有过剩的能量即表面能（表面自由焓），因此，也有自发降低表面能的倾向，这是固体表面能产生吸附作用的根本原因。这种剩余的吸引力由于吸附质的吸附而得到一定程度的减少，从而降低了表面能，故固体表面可以自动地吸附那些能够降低其表面能的物质。

根据吸附剂表面与吸附质之间作用力的不同，吸附可分为物理吸附与化学吸附。

1. 物理吸附

物理吸附是指由于吸附剂与吸附质之间的分子间力的作用所产生的吸附，也称范德华吸附。物理吸附时表面能降低，所以是一种放热过程。此过程是可逆的，当吸附剂与吸附质之间的分子间力大于吸附质内部的分子间力时，吸附质吸着在吸附剂固体表面上。从分子运动论的观点来看，这些吸附于固体表面上的分子由于分子运动，也会从固体表面上脱离逸出，其本身并不发生任何化学变化。如当温度升高时，气体（或液体）分子的动能增加，吸附质分子将越来越多地从固体表面上逸出。物理吸附可以是单分子层吸附，也可以是多分子层吸附。物理吸附的特征可归纳为以下几点。

（1）吸附质和吸附剂间不发生化学反应，低温就能进行。

（2）吸附一般没有选择性，对于各物质来说，只不过是分子间力的大小有所不同，与吸附剂分子间力大的物质首先被吸附。

（3）吸附为放热反应，因此低温有利于吸附，吸附过程所放出的热量，称为该物质在此吸附剂表面上的吸附热。

（4）吸附剂与吸附质间的吸附力不强，当系统温度升高或流体中吸附质浓度（或分压）降低时，吸附质能很容易地从固体表面逸出，而不改变吸附质原来性状。

（5）吸附速率快，几乎不要活化能。

2. 化学吸附

化学吸附其实质是一种发生在固体颗粒表面的化学反应。故化学吸附的作用力是吸附质与吸附剂分子间的化学键力，这种化学键力比物理吸附的分子间力要大得多，其热效应亦远大于物理吸附热，吸附质与吸附剂结合比较牢固，一般是不可逆的，而且总是单分子层吸附。化学吸附的特征可归纳为：

（1）吸附有很强的选择性，仅能吸附参与化学反应的某些物质。

（2）吸附速率较慢，需要一定的活化能，达到吸附平衡需要的时间长。

（3）升高温度可以提高吸附速率，宜在较高温度下进行。

应当指出，实际应用中物理吸附与化学吸附之间不易严格区分。同一种物质在低温时可能进行物理吸附，温度升高到一定程度就发生化学吸附，如图 4-3 所示。有时两种吸附会同时发生。本情境主要讨论物理吸附过程。

（二）解吸与吸附剂的再生

前已述及，当系统温度升高或流体中吸附质浓度（或分压）降低时，被吸附物质将从固体表面逸出，这就是解吸（或称脱附），是吸附的逆过程。这种吸附-解吸的可逆现象在物理吸附中均存在。工业上利用这种现象，在处理混合物时，在吸附剂将吸附质吸附之后，改变操作条件，使吸附质解吸，同时吸附剂再生并回收吸附质以达到分离混合物的目的。

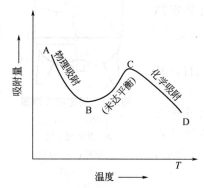

图 4-3　温度对吸附过程的影响

当吸附剂达到饱和后需要再生。再生方法有加热解吸再生、降压或真空解吸再生、溶剂萃取再生、置换再生、化学氧化再生等。

1. 加热解吸再生

　　加热解吸再生是比较常用的再生方法。通过升高吸附剂温度，使吸附质解吸，吸附剂得到再生。几乎各种吸附剂都可用加热再生法恢复吸附能力。不同的吸附过程需要不同的温度，吸附作用越强，解吸时需加热的温度越高。

　　用于加热再生的设备有立式多段炉、转炉、立式移动床炉、流化床炉及电加热再生炉等。

　　2. 降压或真空解吸

　　气体吸附过程与压力有关，压力升高时，有利于吸附；压力降低时，解吸占优势。因此，通过降低操作压力可使吸附剂得到再生，若吸附在较高压力下进行，则降低压力可使被吸附的物质脱离吸附剂进行解吸；若吸附在常压下进行，可采用抽真空方法进行解吸。工业上利用这一特点采用变压吸附工艺，达到分离混合物及吸附剂再生的目的。

　　3. 置换再生

　　在气体吸附过程中，某些热敏性物质，在较高温度下易聚合或分解，可以用一种吸附能力较强的气体（解吸剂）将吸附质从吸附剂中置换与吹脱出来。再生时解吸剂流动方向与吸附时流体流动方向相反，即采用逆流吹脱的方式。这种再生方法需加一道工序，即解吸剂的再解吸，一般可采用加热解吸再生的方法，使吸附剂恢复吸附能力。

　　4. 溶剂萃取

　　选择合适的溶剂，使吸附质在该溶剂中溶解性能远大于吸附剂对吸附质的吸附作用，从而将吸附质溶解下来。例如，活性炭吸附 SO_2 后，用水洗涤，再进行适当的干燥便可恢复吸附能力。

　　5. 化学氧化再生

　　具体方法很多，可分为湿式氧化法、电解氧化法及臭氧氧化法等几种。在此仅以湿式氧化再生法为例作简要介绍。如图 4-4 所示，用于曝气池中的粉状活性炭用高压泵经换热器和水蒸气加热后送入氧化反应塔，在塔内被活性炭吸附的有机物与空气中的氧反应，进行氧化分解，使活性炭得到再生。再生后的炭经热交换器冷却后，送入再生炭储槽。在反应器底部积集的灰分定期排出。

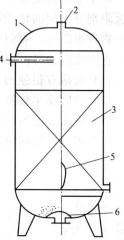

图 4-4　固定床吸附器

1—壳体；2—排气口；

3—吸附剂床层；

4—加料；5—视镜；

6—出料

　　6. 生物再生法

　　利用微生物将被吸附的有机物氧化分解。此法简单易行，基建投资少，成本低。

　　生产实际中，上述几种再生方法可以单独使用，也可几种方法同时使用。如活性炭吸附有机蒸汽后，可用通入高温水蒸气再生，也可用加热和抽真空的方法再生；沸石分子筛吸附水分后，可用加热吹氮气的办法再生。

【考核评价】

　　以小组为单位，对吸附原理、吸附过程分析探讨后，简化实际吸附装置工艺，提炼、绘制并叙述吸附基本工艺流程，强化对吸附工艺过程的理解；阐述吸附塔基本构造、吸附分离过程及特点。完成考核评价表。

　　依据考核标准表 4-1，进行考核。

表 4-1　考核标准

考核内容	考核方式	考核标准			
1. 吸附塔构造、作用	1. 阐述吸附塔基本构造、吸附过程及特点	很好 100 分	较好 80 分	一般 60 分	较差 40 分
2. 吸附流程	2. 画出并叙述吸附基本工艺流程图	以图 4-1 为标准,全对为 100 分,每错一处扣 10 分			

考核评价表

姓名：　　　　学号：　　　　　组别：　　　　　班级：

任务名称	任务一　认识吸附装置		
上课时间	年　　月　　日 第　　周　　第　　节	上课地点	
1. 对实际装置工艺流程提炼,画出叙述吸附基本工艺流程图			
2. 阐述吸附塔基本构造、吸附分离过程及特点。			
考核结果			

【知识链接】

　　工业吸附过程通常包括两个步骤：首先使流体与吸附剂接触,吸附质被吸附剂吸附后,与流体中不被吸附的组分分离,此过程为吸附操作；然后将吸附质从吸附剂中解吸,并使吸附剂重新获得吸附能力,这一过程称为吸附剂的再生操作。若吸附剂不需再生,这一过程改为吸附剂的更新。在多数工业吸附装置中,都要考虑吸附剂的多次使用问题。下面对工业上常用的吸附分离工艺及其特点进行简要介绍。

一、固定床吸附

固定床吸附器中，吸附剂颗粒均匀地堆放在多孔撑板上，流体自下而上或自上而下地通过颗粒床层。固定床吸附器一般使用粒状吸附剂，对床层的高度可取几十厘米到十几米。固定床吸附器结构简单，造价低，吸附剂磨损少，操作方便，可用于从气体中回收溶剂、气体净化、气体和液体的脱水以及难分离的有机液体混合物的分离。如图4-4所示。

就单个固定床吸附器而言，是间歇操作，设备结构简单，操作易于掌握，有一定的可靠性，常被中小型生产装置所采用。为使生产工艺连续，常采用多塔窜联或多塔并联操作。但固定床切换频繁，是不稳定操作，产品质量会受到一定影响，而且生产能力小，吸附剂用量大。

1. 双器流程

为使吸附操作连续进行，吸附剂需要再生，因此至少需要两个吸附器循环使用。如图4-5所示，A、B两个吸附器，A进行吸附，B进行再生。当A达到破点时，B再生完毕，进入下一个周期，即B进行吸附，A进行再生，如此循环进行连续操作。

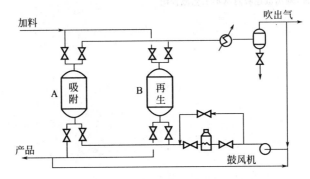

图4-5　双器流程

2. 串联流程

如果体系吸附速率较慢，采用上述的双器流程时，流体只在一个吸附器中进行吸附，达到破点时，很大一部分吸附剂未达到饱和，利用率较低。这种情况宜采用两个或两个以上吸附器串联使用，构成如图4-6所示的串联流程。图示为两个吸附器串联使用的流程。流体先进入A，再进入B进行吸附，C进行再生。当从B流出的流体达到破点时，则A转入再生，C转入吸附，此时流体先进入B再进入C进行吸附，如此循环往复。

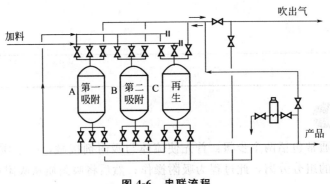

图4-6　串联流程

3. 并联流程

当处理的流体量很大时，往往需要很大的吸附器，此时可以采用几个吸附器并联使用的流程。如图 4-7 所示,图中 A、B 并联吸附,C 进行再生,下一个阶段是 A 再生,B、C 并联吸附,再下一个阶段是 A、C 并联吸附,B 再生,依此类推。

固定床吸附操作再生时可用产品的一部分作为再生用气体,根据过程的具体情况,也可以用其他介质再生。例如用活性炭去除空气中的有机溶剂蒸汽时,常用水蒸气再生。再生气冷凝成液体再分离。

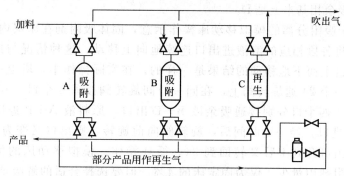

图 4-7 并联流程

固定床吸附器最大的优点是结构简单、造价低、吸附剂磨损少,应用广泛。缺点是间歇操作,操作必须周期性的变换,因而操作复杂,设备庞大。适用于小型、分散、间歇性的生产过程。

二、模拟移动床吸附

模拟移动床是目前液体吸附分离中广泛采用的工艺设备。模拟移动床吸附分离的基本原理与移动床相似。图 4-8 为液相移动床吸附塔的工作原理。设料液只含 A、B 两个组分,用固体吸附剂和液体解吸剂 D 来分离料液。固体吸附剂在塔内自上而下移动,至塔底出去后,经塔外提升器提升至塔顶循环入塔。液体用循环泵压送,自下而上流动,与固体吸附剂逆流接触。整个吸附塔按不同物料的进出口位置,分成四个作用不同的区域:ab 段——A 吸附区,bc 段——B 解吸区,cd 段——A 解吸区,da 段——D 的部分解吸区。被吸附剂所吸附的物料称为吸附相,塔内未被吸附的液体物料

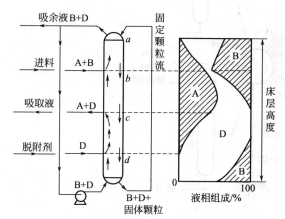

图 4-8 模拟移动床吸附原理图

称为吸余相。

在 A 吸附区,向下移动的吸附剂把进料 A+B 液体中的 A 吸附,同时把吸附剂内已吸附的部分解吸剂 D 置换出来,在该区顶部将进料中的组分 B 和解吸剂 D 构成的吸余液 B+D 部分循环,部分排出。

在 B 解吸区,从此区顶部下降的含 A+B+D 的吸附剂,与从此区底部上升的含有 A+D 的液体物料接触,因 A 比 B 有更强的吸附力,故 B 被解吸出来,下降的吸附剂中只含有 A+D。

A 解吸区的作用是将 A 全部从吸附剂表面解吸出来。解吸剂 D 自此区底部进入塔内,

与本区顶部下降的含 A+D 的吸附剂逆流接触，解吸剂 D 把 A 组分完全解吸出来，从该区顶部放出吸余液 A+D。

D 部分解吸区的目的在于回收部分解吸剂 D，从而减少解吸剂的循环量。从本区顶下降的只含有 D 的吸附剂与从塔顶循环返回塔底的液体物料 B+D 逆流接触，按吸附平衡关系，B 组分被吸附剂吸附，而是吸附相中的 D 被部分的置换出来。此时吸附相只有 B+D，而从此区顶部出去的吸余相基本上是 D。

图 4-9 为用于吸附分离的模拟移动床操作示意，固体吸附剂在床层内固定不动，而通过旋转阀的控制将各段相应的溶液进出口连续地向上移动，这种情况与进出口位置不动，保持固体吸附剂自上而下地移动的结果是一样的。在实际操作中，塔上一般开 24 个等距离的口，同接于一个 24 通旋转阀上，在同一时间旋转阀接通 4 个口，其余均封闭。如图中 6、12、18、24 四个口分别接通吸余液 B+D 出口、原料液 A+B 进口、吸取液 A+D 出口、解吸剂 D 进口，经一定时间后，旋转阀向前旋转，则出口又变为 5、11、17、23，依此类推，当进出口升到 1 后又转回到 24，循环操作。模拟移动床的优点是处理量大、可连续操作，吸附剂用量少，仅为固定床的 4%。但要选择合适的解吸剂，对转换物流方向的旋转阀要求高。

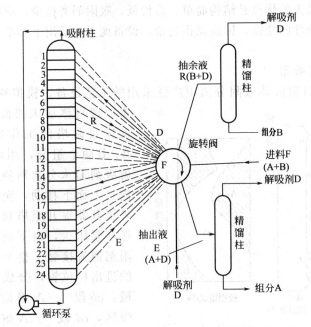

图 4-9　模拟移动床分离操作示意

三、变压吸附

变压吸附是一种广泛应用混合气体分离精制的吸附分离工艺。在同一温度下，吸附质在吸附剂上的吸附量随吸附质的分压上升而增加；在同一吸附质分压下，吸附质在吸附剂上的吸附量随吸附温度上升而减小；也就是说，加压降温有利于吸附质的吸附，降压升温有利于吸附质的解吸或吸附剂的再生。于是按照吸附剂的再生方法将吸附分离循环过程分成两类。利用温度变化进行吸附和解吸的过程称为变温吸附；利用压力变化进行的分离操作称为变压吸附。变压吸附的工业流程如下。

1. 双塔流程

以分离空气制取富氧为例，吸附剂采用 5A 分子筛，在室温下操作，如图 4-10 所示。吸附塔 1 在吸附，吸附塔 2 在清洗并减压解吸。部分的富氧以逆流方向通入吸附塔 2，以除去上一次循环已吸附的氮，这种简单流程可制得中等浓度的富氧。

该循环的缺点是解吸转入吸附阶段产品流率波动，直到升压达到操作压力后才逐渐稳定。改善的办法是在产品出口加储槽，使产物的纯度和流率平稳，减少波动，对低纯度气体产品也可加储槽，并以此气体清洗床层或使床层升压。如图 4-11 所示，操作方法是：当吸附塔渐渐为吸附质饱和，尚未达到透过点以前停止操作。用死空间内的气体逆向降压，把已吸附在床层内的组分解吸清洗出去，然后进一步抽真空至解吸的真空度，解吸完毕后再升压至操作压力，再进行下一循环操作。升压、吸附、降压、解吸构成一个操作循环。

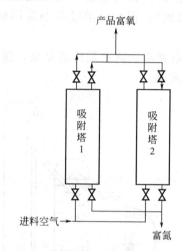

图 4-10　双塔变压吸附流程

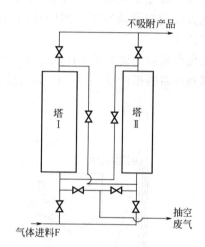

图 4-11　改进双塔变压吸附流程

2. 四塔流程

四塔变压吸附流程是工业上常用的流程。四塔变压吸附循环有多种，下面以七个循环阶段为例，即每个床层都要经过吸附、均压、并流降压、逆流降压、清洗、一段升压和二段升压七个阶段，下面介绍四塔流程。

（1）吸附阶段　原料气在一定的压力下吸附，在床层出口浓度波的破点出现前，所得到的气体产品，一部分作为产品放出，一部分作为塔Ⅳ的二段升压。

（2）均压阶段　塔Ⅱ解吸完毕后处于低压状态和塔Ⅰ相连作一段升压，塔Ⅱ则为均压，均压后床层内的压力约为原有压力的一半，床层内的浓度波前沿继续前进，但未达到床层末端的出口。

（3）并流降压阶段　塔Ⅰ继续降压，排出气体清洗已逆流降到最低压力的塔Ⅲ，塔Ⅰ并流降压至浓度波前沿刚到达的床层出口端为止。

（4）逆流降压阶段　开启塔Ⅰ进口阀，使残余气体降至最低的压力，使已吸附的杂质排除一部分。

（5）清洗阶段　用塔Ⅳ并流降压的气体清洗塔Ⅰ，使塔Ⅰ内残余的杂质清洗干净，床层得到再生。

（6）一段升压阶段　用塔Ⅱ的均压气体使塔Ⅰ进行一段升压。

（7）二段升压阶段　用塔Ⅲ的部分产品气体，使塔Ⅰ达到产品的压力，准备下一循环。

以上各阶段的目的是利用吸附和解吸再生各阶段的部分气体，以回收能量，使气体产品的流量和纯度稳定。

除了四塔流程外，工业上根据装置规模增大和吸附压力上升还相应采用了 5 塔、6 塔、8 塔、10 塔、12 塔流程等。变压吸附操作不需要加热和冷却设备，只需要改变压力即可进行吸附-解吸过程，循环周期短，吸附剂利用率高，设备体积小，操作范围广，气体处理量大，分离纯度高。

四、流化床吸附

在流化床吸附器内，含有吸附质的流体以较高的速度通过床层，使吸附剂呈流态化。流体由吸附段下端进入，由下而上流动，净化后的流体由上部排出，吸附剂由上端进入，逐层下降，吸附了吸附质的吸附剂由下部排出进入再生段。在再生段，用加热吸附剂或用其他方法使吸附质解吸（图中使用的是气体置换与吹脱），再生后的吸附剂返回到吸附段循环使用。

流化床吸附的优点是能连续操作，处理能力大，设备紧凑。缺点是构造复杂，能耗高，吸附剂和容器磨损严重。图 4-12 为连续流化床吸附工艺流程。

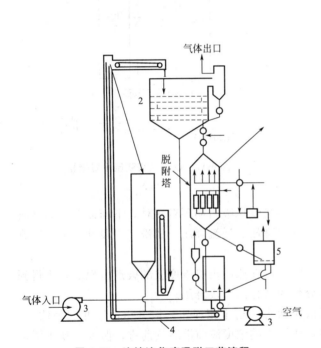

图 4-12　连续流化床吸附工艺流程
1—料斗；2—多层流化床吸附器；
3—风机；4—皮带传送机；5—再生塔

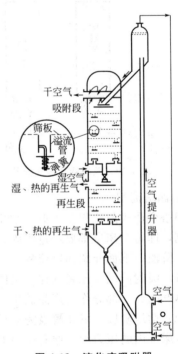

图 4-13　流化床吸附器

图 4-13 所示为多层逆流接触的流化床吸附装置，它包括吸附剂的再生，图中以硅胶作为吸附剂以除去空气中的水汽。全塔共分为两段，上段为吸附段，下段为再生段，两段中均设有一层层筛板，板上为吸附剂薄层。在吸附段湿空气与硅胶逆流接触，干燥后的空气从顶部流出，硅胶沿板上的逆流管逐板向下流，同时不断地吸附水分。吸足了水分的硅胶从吸附段下端进入再生段，与热空气逆流接触再生，再生后的硅胶用气流提升器送至吸附塔的上部重新使用。

流化床吸附分离常用于工业气体中水分脱除、排放废气（如 SO_2、NO_2 等）、有毒物质脱除和回收溶剂。一般用颗粒坚硬耐磨、物理化学性能良好的吸附剂，如活性氧化铝、活性炭等。流化床吸附器的流化床（沸腾床）内流速高，传质系数大，床层浅，压降低，压力损失小。

五、搅拌槽接触吸附

如图 4-14 所示，将待处理的液体与吸附剂加入搅拌槽中，通过搅拌使固体吸附剂悬浮

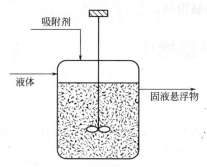

图 4-14 搅拌槽接触吸附操作

与液体均匀接触，液体中的吸附质被吸附。为使液体与吸附剂充分接触，增大接触面积，要求使用细颗粒的吸附剂，通常粒径应小于 1mm，同时要有良好的搅拌。这种操作主要应用于除去污水中的少量溶解性的大分子，如带色物质等。由于被吸附的吸附质多为大分子物质，解吸困难，故用过的吸附剂一般不再再生而是弃去。搅拌槽接触吸附多为间歇操作，有时也可连续操作。

六、移动床吸附

图 4-15 为一移动床吸附装置，是用由椰壳或果核制成的致密坚硬的活性炭，进行轻烃气体分离而设计的，称为"超吸附器"。设备高约 20～30m，分为若干段，最上段为冷却器，是垂直的列管式热交换器，用于冷却吸附剂，往下是吸附段、增浓段（精馏段）、汽提段，它们彼此由分配板隔开。最下部是脱附器，它和冷却器一样也是列管式的热交换器。在塔的下部还装有吸附剂流控制器，固体颗粒层高度控制器以及颗粒卸料阀门及其封闭装置。塔的结构可以使固相连续，稳定的输入和输出，气固两相接触良好，不致发生沟流或局部不均匀现象。

超吸附器的工作原理如下：经脱附后的活性炭从设备顶部连续进入冷却器，使温度降低后，经分配板进入吸附段，再由重力作用不断下降通过整个吸附器。在吸附段与气体混合物逆流接触，气体中易被吸附的重组分优先被吸附，没有被吸附的气体便从吸附段的顶部引出称为塔顶产品或轻馏分。吸附了吸附质的活性炭从吸附段进入增浓段，与自下而上的气流相遇，固体上较易挥发的组分被置换出去，置换出来的气体向上升，吸附剂离开增浓段时，就只剩下易被吸附的组分，这样在此段内就起到了"增浓"作用。吸附剂进入汽提段后，此时吸附剂富含易吸附的组分，被蒸汽加热和吹扫使之脱附，部分上升到增浓段作为回流，部分作为塔底产品。固体吸附剂继续下降经脱附器进一步把尚未脱附的吸附质全部脱附出来，然后吸附剂下降到下提升罐，再用气体提升至上提升罐，从顶部再进入冷却器，如此循环进行吸附分离

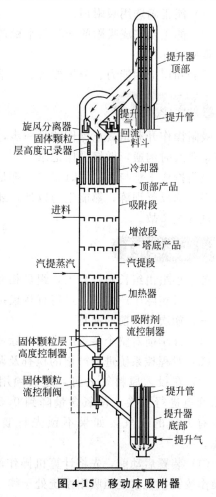

图 4-15 移动床吸附器

过程。

在移动床吸附器中，由于固体吸附剂连续运动，使流体及吸附剂两相均以恒定的速率通过设备，任一断面上的组成都不随时间而变，即操作是连续稳定状态。适用于要求吸附剂气体比率高的场合，较少用于控制污染。优点是处理气体量大，吸附剂可循环使用。吸附剂的磨损和消耗是一个很大的管理问题，要求有耐磨能力强的吸附剂。

任务二　吸附开车与平稳操作

【任务介绍】

以小组为单位，分工合作，进行安全防护演练；查走流程演练以及开车前查摆开车前流程演练，按要求进行开车操作，为平稳开车做好准备。本任务具体目标如下。

知识目标：

（1）掌握吸附原理；

（2）掌握影响吸附操作的因素；

（3）了解常用的吸附剂。

技能目标：

（1）能正确选用吸附剂；

（2）能正确完成吸附的开车与平稳调节。

素质目标：

培养知识应用能力、分析能力、自学能力、与人合作能力、遵守纪律意识等。

【任务分析】

吸附操作开车是真正操作的第一步，组员既要明确分工，又要相互配合，尤其内、外操作信息要及时沟通，做好操作记录。

吸附操作平稳与否、用时多少，都是衡量操作技能好坏的重要指标，而要使操作达到最佳状态，除反复训练，熟能生巧以外，还需有相关理论知识做指导，否则不仅事倍功半，甚至出现安全事故。

【任务实施】

各个小组由组长做好分工，组员相互配合。对生产装置熟悉后，在老师指导下完成以下任务。针对实际生产装置，进行现场模拟操作训练。

一、初次开车前的准备

（1）开车前对整个装置应进行吹除和气密性试验，合格后对吸附塔装填吸附剂。

（2）对程控系统进行严格的检查及调试，以保证整个装置可随时投入运行。

（3）在投入原料气之前，还必须用干燥、无油的氮气（或抽真空）对整个装置的设备和管道进行置换，使氧含量降到 0.5% 以下，因为本装置的原料气、产品气和解析气均含有大量的氢气，如果不预先将装置内的氧置换掉，那么在开车时容易引起爆炸燃烧。

（4）装置启动前，先将计算机操作画面置于变压吸附自动-手动操作画面，然后点击自动操作按钮，观察变压吸附系统处于哪一个工作状态；再点击手动操作按钮，使变压吸附系统处于备用状态。

二、吸附装置开车操作

装置启动分初次开车和正常开车。初次开车前应做好一系列准备工作；而正常开车时只要按规定的操作步骤进行启动。

吸附工序启动步骤如下：

（1）启动空压机，并将其压力控制在 0.6~0.7MPa；

（2）开重整系统流量计旁通阀，关小重整气放空阀，向变压吸附系统充气，并通过调节重整气放空阀维持重整系统压力；

（3）开 K201、K202 阀；

（4）点击计算机变压吸附系统自动操作按钮，开始向吸附塔充气；

（5）开并调节吸附系统放空阀 K203，维持吸附系统压力在 0.2~0.3MPa，进行低压运行，调整并对系统进行置换；

（6）调节吸附系统放空阀 K203，维持吸附系统压力在 0.6~0.7MPa，进行中压运行，调整并对系统进行置换；

（7）调节吸附系统放空阀 K203，维持吸附系统压力在 0.9~1.0MPa，在正常操作压力下运行，调整并对系统进行置换；

（8）启动在线分析仪，对产品气进行分析，若合格即可将其切换进入氢气缓冲罐；

（9）打开并设置气体压力调节阀在 1.0MPa，将产品气送入氢气缓冲罐并对其进行置换。置换气由氢气缓冲罐底部排污阀排出进入大气。

由于此时排出的气体已基本是纯氢了，操作中应采取低压、小量、多次的方式进行，严防出现爆炸燃烧情况。

置换过程中，随时调整重整气放空阀和吸附系统放空阀，以控制两套系统操作压力，保持操作系统的稳定运行。

装置投入正常运行后，产品流量计的工作压力恒定在吸附工作压力，故流量计不需要压力变化的修正。流量计出厂时以将工作流量换算成标准状态下的流量，使用时可直接读数。

产品纯度：一个吸附塔具有吸附杂质的能力（即在一个吸附-再生循环里能提纯一定数量的原料气）。所以循环时间过长或原料气流量过大，产品纯度会下降；循环时间过短，原料气流量过小，产品纯度很高，会引起床层未能充分利用，使产品组分的损失增大。本装置通过调整循环时间的方法可生产出不同纯度的产品，其纯度控制范围通常控制在 98%~99.99% 之间。

装置的回收率：本装置不同纯度的产品气，对应着不同的回收率。产品纯度越高，产品组分的回收率越低。所以在操作中不应单纯追求产品的纯度，需要根据实际需要出发，选择适当的纯度以获得较高的效益。本装置采用三次均压，即多了一次产品气死体积的回收，其回收率得到较大提高，一般情况下，可达到 85%~90%。

以上介绍的装置启动步骤，适合装置的第一次开车和停车时间较长后再启动时使用。如停车时间较短，启动时可加快升压速率。

【考核评价】

针对实际生产装置，进行现场模拟操作训练后进行考核，由考核人员填写考核评价表。

考核评价表

姓名：　　　　　学号：　　　　　组别：　　　　　班级：

任务 名称	任务二　吸附开车与平稳操作			
上课 时间	年　　月　　日 第　　周　　第　　节		上课 地点	
考核 内容	1. 操作工艺指标 2. 开车操作方案			
考核 方式	回答随机抽签问题，并现场模拟操作			
考核 标准	依据吸附开车方案，考核学生回答的问题			
	很好	较好	一般	较差
	80～100分	60～80分	40～60分	0～40分
问题： 回答要点记录： 				
考核结果				

【知识链接】

一、吸附原理

吸附过程是流体与固体颗粒之间的相际传质过程，气体吸附是气-固相间的传质过程，液体吸附是液-固相间的传质过程。吸附过程的极限是达到吸附平衡。因此，要研究吸附过程，首先要了解吸附的相平衡关系。

物理吸附过程是可逆的。在一定条件下，当流体与吸附剂接触时，流体中吸附质将被吸附剂吸附。随着吸附过程的进行，吸附质在吸附剂表面上的数量逐渐增加，也出现了吸附质的解吸，且随时间的推移，解吸速率逐渐加快，当吸附速率和解吸速率相等时，吸附和解吸达到了动态平衡，称为吸附平衡。平衡时，吸附量不再增加，吸附质在流体中的浓度和在吸附剂表面的浓度都不再发生变化，从宏观上看，吸附过程停止。此时吸附剂对吸附质的吸附量称为平衡吸附量，流体中的吸附质的浓度（或分压）称为平衡浓度（或平衡分压）。

平衡吸附量与平衡浓度（或平衡分压）之间的关系即为吸附平衡关系。通常用吸附等温线或吸附等温式表示。

二、吸附的相平衡

1. 气体的吸附平衡

（1）吸附等温线　吸附等温线描述的是等温条件下，平衡时吸附剂中的吸附量与流体中吸附质浓度（或分压）之间的关系，由实验测得。

对于单组分气体吸附，其吸附等温线形式可分为五种基本类型，如图 4-16 所示。图中横坐标为单组分分压与该温度下饱和蒸气压的比值 p/p_0，纵坐标为吸附量 q。

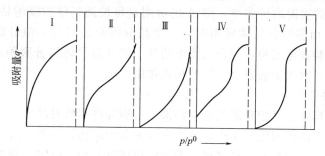

图 4-16　吸附等温线的分类

吸附等温线形状的差异是由于吸附剂和吸附质分子间的作用力不同造成的。Ⅰ型表示吸附剂毛细孔的孔径比吸附质分子尺寸略大时的单层分子吸附，如在 80K 下氮气在活性炭上的吸附；Ⅱ型表示完成单层吸附后再形成多分子层吸附，如在 78K 下氮气在硅胶上的吸附；Ⅲ型表示吸附气体量不断随组分分压的增加而增加直至相对饱和值趋于 1 为止，如在 351K 下溴在硅胶上的吸附；类型Ⅳ为类型Ⅱ的变形，能形成有限的多层吸附，如 323K 下苯在氧化铁胶上的吸附；类型Ⅴ偶然见于分子互相吸引效应很大的情况，如磷蒸气在 NaX 分子筛上的吸附。

（2）吸附等温方程式　在等温条件下的吸附平衡，由于各学者对平衡现象的描述采用不同的假定和模型，因而推导出多种经验方程式，即为吸附等温方程式。在此仅举三例，其他的吸附等温方程式可参考有关的专著。

① 弗兰德里希（Freundlich）方程

$$q = k p^{1/n} \qquad (4-1)$$

式中　q——在压力 p 下的吸附量，kg 吸附质/kg 吸附剂；

p——吸附质的平衡分压，kPa；

k，n——经验常数。

Freundlich 方程描述了在等温条件下，吸附量和压力的指数分数成正比。压力增大，吸附量也随之增大，但压力增加到一定程度以后，吸附量不再变化。

② 朗格缪尔（Langmuir）方程

$$q = \frac{K q_m p}{1 + K p} \qquad (4-2)$$

式中　q_m——吸附剂表面单分子层盖满时的最大吸附量，kg 吸附质/kg 吸附剂；

K——吸附平衡常数。

Langmuir 方程符合Ⅰ型等温线和Ⅱ型等温线的低压部分。

③ BET 方程

$$q = \frac{q_m b p}{(p^0 - p)\left[1 + (b-1)\dfrac{p}{p^0}\right]} \qquad (4-3)$$

式中　p^0——同温度下该气体的液相饱和蒸气压，Pa；

b——与吸附热有关的常数。

勃劳纳尔（Brunauer）、埃米特（Emmett）及泰勒（Teller）三人联合建立的 BET 方程更好地适应了吸附的实际情况，应用范围较宽，它可适用于 I 型、II 型和 III 型等温线。

工业上的吸附过程所涉及的都是气体混合物而非纯气体。如果在气体混合物中除 A 之外的所有其他组分的吸附均可忽略，则 A 的吸附量可按纯气体的吸附估算，但其中的压力应采用 A 的分压。而多组分气体吸附时，一个组分的存在对另一组分的吸附有很大影响，十分复杂。一些实验数据表明，混合气体中的某一组分对另外组分吸附的影响可能是增加、减小或者没有影响，取决于吸附分子间的相互作用。

2. 液体的吸附平衡

液相吸附的机理远比气相吸附复杂，溶液中溶质为电解质与溶质为非电解质的吸附机理不同。影响吸附机理的因素除了温度、浓度和吸附剂的结构性能外，溶质和溶剂的性质对其吸附等温线的形状都有影响。一般来说，溶质的溶解度越小，吸附量越大；温度越高，吸附量越低。

当吸附剂与混合溶液接触时，溶质与溶剂都将被吸附。由于总吸附量无法测定，故通常以溶质的表观吸附量来表示。用吸附剂处理溶液时，若溶质优先被吸附，则可测出溶液中溶质含量的初始浓度 c_0 以及达到吸附平衡时的平衡浓度 c^*。如单位质量吸附剂所处理的溶液体积为 V，则吸附质的表观吸附量为 $V(c_0-c^*)$ kg 吸附质/kg 吸附剂。

对于稀溶液，吸附等温线可用 Freundlich 方程表示

$$c^* = K[V(c_0-c^*)]^m \tag{4-4}$$

式中　V——表示单位质量吸附剂处理的溶液体积，m^3 溶液/kg 吸附剂；

　　　c_0——溶液中溶质的初始质量浓度，kg/m^3；

　　　c^*——溶液中溶质的平衡质量浓度，kg/m^3；

　K，m——体系的特性常数。

Freundlich 方程在污水处理通常浓度下，因简单方便而获得普遍应用。

3. 吸附平衡在吸附操作中的应用

（1）判断传质过程进行的方向　当流体与吸附剂接触时，若流体中吸附质的浓度（或分压）低于其平衡浓度（或平衡分压)时，则吸附质被吸附；反之，若流体中吸附质的浓度（或分压）高于其平衡浓度（或平衡分压)时，则已被吸附在吸附剂上的吸附质将被解吸。

（2）指明传质过程进行的极限　吸附达到平衡时，吸附量不再增加，吸附质在流体中的浓度和在吸附剂表面的浓度都不再发生变化，宏观上吸附过程停止。可见平衡是吸附过程的极限。

（3）计算过程的推动力　吸附过程的推动力常用吸附质的实际浓度与其平衡浓度的偏离程度表示。过程推动力越大，吸附速率也越大，完成一定的吸附任务所需的设备尺寸越小；对于固定的设备，完成一定的吸附任务所需的吸附时间短，生产能力增大。

三、吸附速率

吸附剂对吸附质的吸附效果，除了用吸

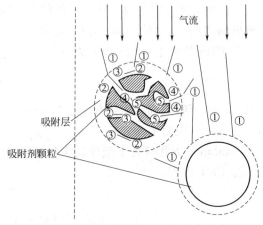

图 4-17　吸附质在吸附剂上的扩散示意图

①、②—外扩散；③、④—内扩散；⑤—表面吸附

附量表示外，还必须以吸附速率来衡量。吸附速率是指单位质量的吸附剂（或单位体积的吸附层）在单位时间内所吸附的吸附质量，它是吸附过程设计与操作的重要参数。通常吸附质被吸附剂吸附的过程分为三步（如图 4-17 所示）：①吸附质从流体主体通过吸附剂颗粒周围的滞流膜层以分子扩散与对流扩散的形式传递到吸附剂颗粒的外表面，称为外扩散过程；②吸附质从吸附剂颗粒的外表面通过颗粒上的微孔扩散进入颗粒内部，到达颗粒的内部表面，称为内扩散过程；③在吸附剂的内表面上吸附质被吸附剂吸附，称为表面吸附过程。解吸时则逆向进行，首先进行被吸附质的解吸，经内扩散传递至外表面，再从外表面扩散到流动相主体，完成解吸。

对于物理吸附，通常吸附表面上的吸附过程往往进行很快，所以，决定吸附过程总速率的是内扩散过程和外扩散过程。

由于吸附过程复杂，影响因素多，从理论上推导吸附速率方程很困难，因此一般是凭经验或根据模拟试验来确定。

（1）外扩散速率方程　吸附质从流体主体到吸附剂表面的传质速率方程可表示为

$$\frac{dq}{d\tau}=k_f a_p(c-c_i) \tag{4-5}$$

式中　q——单位质量吸附剂所吸附的吸附质的量，kg 吸附质/kg 吸附剂；

τ——时间，s；

$\dfrac{dq}{d\tau}$——吸附速率，kg 吸附质/(kg·s) 吸附剂；

a_p——吸附剂的比表面积，m^2/kg；

c——吸附质在流体相中的平均质量浓度，kg/m^3；

c_i——吸附质在吸附剂外表面处的流体中的质量浓度，kg/m^3；

k_f——外扩散过程的传质系数，m/s。

k_f 与流体性质、颗粒的几何特性、两相接触的流动状况以及温度、压力等操作条件有关。其值可由经验公式求取。

（2）内扩散速率方程　吸附质由吸附剂的外表面通过颗粒微孔向吸附剂内表面扩散的过程与吸附剂颗粒的微孔结构有关。内扩散机理非常复杂，与吸附剂颗粒的微孔结构有关，吸附质在微孔中的扩散又分为两种形式：①沿孔截面的孔扩散；②沿微孔表面的表面扩散。通常将内扩散过程简单地处理成从外表面向颗粒内的传质过程，其传质速率方程可表示为

$$\frac{dq}{d\tau}=k_s a_p(q_i-q) \tag{4-6}$$

式中　k_s——内扩散过程的传质系数，$kg/(m^2·s)$；

q_i——吸附剂外表面处吸附质量，kg 吸附质/kg 吸附剂，与 c_i 呈平衡；

q——吸附剂上吸附质的平均质量，kg 吸附质/kg 吸附剂。

k_s 与吸附剂微孔结构特性、吸附质的物性以及吸附过程的操作条件等各种因素有关，可由实验测定。

（3）总吸附速率方程　由于吸附剂外表面处的浓度 c_i 和 q_i 无法测定，通常用总吸附速率方程表示吸附速率

$$\frac{dq}{d\tau}=K_f \alpha_p(c-c^*) \tag{4-7}$$

$$\frac{dq}{d\tau}=K_s a_p(q^*-q) \tag{4-8}$$

式中　　c^*——与吸附质含量为 q 的吸附剂呈平衡的流体中吸附质的质量浓度，kg/m^3；

　　　　q^*——与吸附质质量浓度为 c 的流体呈平衡的吸附剂上吸附质的含量，kg 吸附质/kg 吸附剂；

　　　　K_f——以 $\Delta c = c - c^*$ 为推动力的总传质系数，m/s；

　　　　K_s——以 $\Delta q = q^* - q$ 为推动力的总传质系数，$kg/(m^2 \cdot s)$。

大多数情况下，内扩散的速率较外扩散慢，吸附速率由内扩散速率决定，吸附过程称为内扩散控制，此时 $K_s \approx k_s$；但有的情况下，外扩散速率比内扩散慢，吸附速率由外扩散速率决定，称为外扩散控制过程，则 $K_f \approx k_f$。

任务三　吸附停车与故障处理

【任务介绍】

能正确完成吸附塔的停车操作，会判断吸附塔异常现象，能完成常见故障的处理。实现以下具体目标。

知识目标：

(1) 了解吸附剂的选择方法；

(2) 熟悉影响吸附操作的因素。

技能目标：

(1) 能完成吸附塔正常停车；

(2) 会观察、判断异常操作现象，并能做出正确处理。

素质目标：

培养安全意识、分析能力、动手能力、与人合作能力、遵守纪律意识等。

【任务分析】

吸附装置的停车，可分为正常停车和紧急停车。紧急停车多为出现突发情况采取的停车措施，待情况好转或正常后，再进行热态开车，操作能在较短时间内恢复正常。正常停车通常是停产或装置大修的需要，有计划进行的停车操作，物料全部排除，最终使装置处在冷态开车前的状态。两种不同的停车，要求不同，操作不同。吸附装置可能出现的异常情况和故障很多，通过训练，掌握分析判断方法，正确排除异常现象或故障。

【任务实施】

各个小组由组长做好分工，组员相互配合。对生产装置熟悉后，在老师指导下完成以下任务。针对实际生产装置，进行现场模拟操作训练。

一、停车

1. 正常停车

正常停车是有计划的停车，停车前通知本装置前后有关工序，然后按下述步骤实施正常停车：

(1) 关闭装置原料气入口阀。

(2) 关闭装置产品气出口阀，使系统保持全封闭状态。

(3) 停控制器电源，停氢分仪电源，关取样阀。

（4）系统保压（各吸附塔均应保持正压）。

2. 紧急停车

（1）迅速关闭装置原料气入口阀。

（2）迅速关闭装置产品气出口阀。

（3）根据现场具体情况，可参照正常停车步骤处理。

二、故障处理

发生故障是指外界条件供给失常或吸附系统本身在运行过程中操作失调某一部分失灵，引起产品纯度下降。在故障原因未查明前装置不需停车，可继续观察，待故障查明后决定视情况而定。常见故障如下。

（一）界外条件供给失常

1. 原料气带水

原料气中的机械水进入吸附塔会导致吸附剂逐渐失效。此时应停车，检查带水原因及程度，做出相应处理。

2. 停电

停电时，程控器无输出，装置处于停车状态，可按紧急停车处理。

3. 仪表空气压力下降

本装置要求仪表空气压力不低于 0.5MPa，否则气动阀将无法正常操作。导致各吸附塔工作状态混乱，产品质量下降，此时应停车处理。

（二）操作失调

吸附系统运转过程是否正常，关键是各吸附塔的再生状况是否良好。系统操作失调会立即或逐步使塔的再生恶化。由于吸附过程是周期循环过程，因此只要其中一个吸附塔再生恶化，就会很快波及和污染其他吸附塔，最终导致产品质量下降。

1. 原料处理量与循环时间

吸附塔内的吸附剂对杂质的吸附能力是定量的，一旦处理量改变，就应该对其吸附时间进行调整。

原料处理量大，塔内气速则快，气体容易穿透床层，应缩短循环时间；

原料处理量小，塔内气速则慢，气体不容易穿透床层，应延长循环时间。

2. 顺放气量

吸附时间延长或缩短，而均压阀未能及时调整，当均压气量过多时，正在均压得那个吸附塔的吸附前沿提前突破，不仅污染了正升压的那个吸附塔，也使均压吸附塔本身出口部分吸附剂提前被污染，在实施二次、三次均压时，被升压的那个吸附塔污染更严重；均压气量过少，吸附塔的氢利用率降低，逆放初压力偏高，也会降低氢气的回收率。

（三）吸附系统故障

吸附系统故障是指在运转过程中某一部分失灵，引起产品纯度下降；工作程序混乱，严重的使装置无法运行。

可能发生的故障有以下几种。

1. 故障现象

现场各塔的压力指示与程控器显示的工作状态不一致，例如：该均压的不均压；均压后两个塔压力同时上升；该逆放的不放空；均压后的气体全部放空；均压塔的压力不降等。

故障原因：程控阀该开的未开，该关的未关。

（1）程控阀本身卡死；

（2）无输出信号，使程控阀不动作。

故障处理方法：

（1）如属于程控阀自身问题，为不影响生产，可先将其更换，拆下后将其进行修理；

（2）如程控阀不动作，可从控制管路开始查，其顺序为：管路（包括气源)→电磁阀→线路→程控机有无输出，并做相应处理。

2.程控机故障

其故障表现在无信号输出、程序不切换、停留于某一状态或程序执行紊乱。

出现此种情况时及时通知供应商进行维修。

（四）产品纯度的调整方法

产品纯度下降表明吸附塔在吸附步骤中杂质组分已达到吸附塔的出口端，其原因主要是操作调节不当，或是自控系统发生故障。一旦找出原因，经处理后应尽快恢复至正常操作状态。调整的有效方法一是低负荷（小的处理量）运转一段时间；二是缩短循环时间。如果二者结合起来更好，产品纯度恢复更快。但注意缩短循环时间要保证均压和终充所需的时间。

【考核评价】

针对实际生产装置，进行现场模拟操作训练后进行考核，由考核人员填写考核评价表。

考核评价表

姓名：　　　　学号：　　　　　组别：　　　　班级：

任务名称	任务三　吸附停车与故障处理			
上课时间	年　　月　　日 第　　周　　第　　节		上课地点	
考核内容	吸附停车操作、故障及处理方案			
考核方式	回答随机抽签问题，并现场模拟操作			
考核标准	依据吸附停车和故障处理方案，考核学生回答的问题			
	很好	较好	一般	较差
	80～100分	60～80分	40～60分	0～40分
问题： 要点记录： 				
考核结果				

【知识链接】

一、吸附剂的选择

1. 吸附剂的基本特征

吸附剂是流体吸附分离过程得以实现的基础。如何选择合适的吸附剂是吸附操作中必须解决的首要问题。一切固体物质的表面，对于流体都具有吸附的作用。但合乎工业要求的吸附剂则应具备如下一些特征。

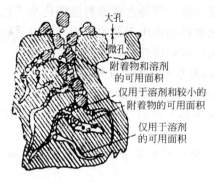

图 4-18　活性炭内部微孔分布

（1）大的比表面积　流体在固体颗粒上的吸附多为物理吸附，由于这种吸附通常只发生在固体表面几个分子直径的厚度区域，单位面积固体表面所吸附的流体量非常小，因此要求吸附剂必须有足够大的比表面积以弥补这一不足。吸附剂的有效表面积包括颗粒的外表面积和内表面积，而内表面积总是比外表面积大得多，只有具有高度疏松结构和巨大暴露表面的孔性物质，才能提供巨大的比表面积。图 4-18 是活性炭内部微孔分布图，微孔占的容积一般为 0.15～0.9mL/g，微孔表面积占总面积的 95％以上。表 4-2 列举了常用吸附剂的比表面积。

表 4-2　常用吸附剂的比表面积

吸附剂种类	硅胶	活性氧化铝	活性炭	分子筛
比表面积/(m^2/g)	300～800	100～400	500～1500	400～750

（2）具有良好的选择性　在吸附过程中，要求吸附剂对吸附质有较大的吸附能力，而对于混合物中其他组分的吸附能力较小。例如活性炭吸附二氧化硫（或氨）的能力，远大于吸附空气的能力，故活性炭能从空气与二氧化硫（或氨）的混合气体中优先吸附二氧化硫（或氨），达到分离净化废气的目的。

（3）吸附容量大　吸附容量是指在一定温度、吸附质浓度下，单位质量（或单位体积）吸附剂所能吸附的最大值。吸附容量除与吸附剂表面积有关外，还与吸附剂的孔隙大小、孔径分布、分子极性及吸附剂分子上官能团性质等有关。吸附容量大，可降低处理单位质量流体所需的吸附剂用量。

（4）具有良好的机械强度和均匀的颗粒尺寸　吸附剂的外形通常为球形和短柱形，也有其他形式的，如无定形颗粒，其粒径通常为 0.1～15mm 之间，工业用于固定床吸附的颗粒直径一般为 1～10mm 左右；如果颗粒太大或不均匀，可使流体通过床层时分布不均，易造成短路及流体返混现象，降低分离效率；如果颗粒小，则床层阻力大，过小时甚至会被流体带出器外，因此吸附剂颗粒的大小应根据工艺的具体条件适当选择。同时吸附剂是在温度、湿度、压力等操作条件变化的情况下工作的，这就要求吸附剂有良好的机械强度和适应性，尤其是采用流化床吸附装置，吸附剂的磨损大，对机械强度的要求更高，否则将破坏吸附正常操作。

（5）有良好的热稳定性及化学稳定性

（6）有良好的再生性能　吸附剂在吸附后需再生使用，再生效果的好坏往往是吸附分离技术能否使用的关键，要求吸附剂再生方法简单、再生活性稳定。

此外，还要求吸附剂的来源广泛，价格低廉。实际吸附过程中，很难找到一种吸附剂能同时满足上述所有要求，因而在选择吸附剂时要权衡多方面的因素。

2. 常用的吸附剂

目前在化工生产中常用的吸附剂有活性炭、分子筛、活性氧化铝和硅胶等。现分别介绍如下。

(1) 活性炭　活性炭是最常用的吸附剂，由木炭、坚果壳、煤等含碳原料经碳化与活化制得的一种多孔性含碳物质，具有很强的吸附能力，其吸附性能取决于原始成碳物质以及碳化活化等的操作条件。活性炭表面具有氧化基团，为非极性或弱极性，活性炭有如下特点。

① 它是用于完成分离与净化过程中唯一不需要预先除去水蒸气的工业用吸附剂。

② 由于具有极大的内表面，活性炭比其他吸附剂能吸附更多的非极性、弱极性有机分子，例如在一个大气压和室温条件下被活性炭吸附的甲烷量几乎是同等质量 5A 分子筛吸附量的 2 倍。

③ 活性炭的吸附热及键的强度通常比其他吸附剂低，因而被吸附分子的解吸较为容易，吸附剂再生时的能耗也相对较低。

市售活性炭根据其用途可分为适用于气相和适用于液相两种。适用于气相的活性炭，大部分孔径在 1~2.5nm 之间，而适用于液相的活性炭，大部分孔径接近或大于 3nm。

活性炭用途很广，可用于有机溶剂蒸气的回收、空气或其他气体的脱臭、污水及废气(含有 SO_2、NO_2、H_2S、Cl_2、CS_2、CCl_4 等)的净化处理、各种气体物料的纯化等。其缺点是它的可燃性，因而使用温度不能超过 473K。

(2) 硅胶　硅胶是另一种常用吸附剂，它是一种坚硬的由无定形的 SiO_2 构成的具有多孔结构的固体颗粒，其分子式为 $SiO_2 \cdot nH_2O$。制备方法是：用硫酸处理硅酸钠水溶液生成凝胶，所得凝胶再经老化、水洗去盐后，干燥即得。依制造过程条件的不同，可以控制微孔尺寸、空隙率和比表面积的大小。

硅胶主要用于气体干燥、烃类气体回收、废气净化(含有 SO_2、NO_x 等)、液体脱水等。它是一种较理想的干燥吸附剂，在温度 293K 和相对湿度 60% 的空气流中，微孔硅胶吸附水的吸湿量为硅胶质量的 24%。硅胶吸附水分时，放出大量吸附热。硅胶难于吸附非极性物质的蒸气，易于吸附极性物质，它的再生温度为 423K 左右，也常用作特殊吸附剂或催化剂载体。

(3) 活性氧化铝　活性氧化铝又称活性矾土，为一种无定形的多孔结构物质，通常由含水氧化铝加热、脱水和活化而得。活性氧化铝对水有很强的吸附能力，主要用于液体与气体的干燥。在一定的操作条件下，它的干燥精度非常高。而它的再生温度又比分子筛低得多。可用活性氧化铝干燥的部分工业气体包括：Ar、He、H_2、氟利昂、氟氯烷等。它对有些无机物具有较好的吸附作用，故常用于碳氢化合物的脱硫，以及含氟废气的净化等。另外，活性氧化铝还可用作催化剂载体。

(4) 分子筛　分子筛是近几十年发展起来的沸石吸附剂。其组成为 $Me_{x/n}[(Al_2O_3)_x \cdot (SiO_2)y] \cdot mH_2O$ (含水硅酸盐)，n 为金属离子的价数，Me 为金属阳离子如 Na^+、K^+、Ca^{2+} 等。沸石有天然沸石和合成沸石两类。自 60 多年前发现天然沸石的分子筛作用和它在分离过程中的应用以来，人们已采用人工合成方法，仿制出上百种合成分子筛。

分子筛为结晶型且具有多孔结构，其晶格中有许多大小相同的空穴，可包藏被吸附的分子。空穴之间又有许多直径相同的孔道相连。因此，分子筛能使比其孔道直径小的分子通过孔道，吸到空穴内部，而比孔径大的物质分子则被排斥在外面，从而使分子大小不同的混合物分离，起了筛分分子的作用。

由于分子筛突出的吸附性能，使它在吸附分离中应用十分广泛，如各种气体和液体的干燥，烃类气体或液体混合物的分离。在环境保护的废气和污水的净化处理上也受到重视。在废气的净化中，分子筛可以从气体中选择性地除去 NO_x、H_2O、CO_2、CO、CS_2、H_2S、NH_3、烃类、CCl_4 等物质。与其他吸附剂相比，分子筛的优点有如下两点。

① 吸附选择性强　这是由于分子筛的孔径大小整齐均一，又是一种离子型吸附剂，因此它能根据分子的大小及极性的不同进行选择性吸附。

② 吸附能力强　即使气体的浓度很低和在较高的温度下仍然具有较强的吸附能力，在相同的温度条件下，分子筛的吸附容量较其他吸附剂大。

除了上述常用的四种吸附剂外，还有一些其他吸附剂，如吸附树脂、活性黏土及碳分子筛等。吸附树脂是具有巨型网状结构的合成树脂。如苯乙烯和二乙烯苯的共聚物、聚苯乙烯、聚丙烯酸酯等。吸附树脂主要应用于处理水溶液，如废水处理、维生素分离等，吸附树脂的再生比较容易，但造价较高。

碳分子筛是一种兼具活性炭和分子筛某些特性的碳基吸附剂。碳分子筛具有很小的微孔组成，孔径分布在 $0.3\sim1nm$ 之间，它的最大用途是空气分离制取纯氮。它吸附氧而得到纯氮，也就是可得到比原始空气压力稍低的氮气。假如用沸石分子筛分离空气制氮，因它吸附氮，释放出氧气，氮再从吸附剂上解吸，得到的纯氮基本无压力，因此需再加压才能在工业生产中应用。

二、影响吸附的因素

影响吸附的因素有吸附剂的性质、吸附质的性质及操作条件等，只有了解影响吸附的因素，才能选择合适的吸附剂及适宜的操作条件，从而更好地完成吸附分离任务。

1. 操作条件

低温操作有利于物理吸附，适当升高温度有利于化学吸附。温度对气相吸附的影响比对液相吸附的影响大。对于气体吸附，压力增加有利于吸附，压力降低有利于解吸。

2. 吸附剂的性质

吸附剂的性质如孔隙率、孔径、粒度等影响比表面积，从而影响吸附效果。一般来说，吸附剂粒径越小或微孔越发达，其比表面积越大，吸附容量也越大。但在液相吸附过程中，对分子量大的吸附质，微孔提供的表面积不起很大作用。

3. 吸附质的性质与浓度

对于气相吸附，吸附质的临界直径、分子量、沸点、饱和性等影响吸附量。若用同种活性炭做吸附剂，对于结构相似的有机物，分子量和不饱和性越大，沸点越高，越易被吸附。对于液相吸附，吸附质的分子极性、分子量、在溶剂中的溶解度等影响吸附量。分子量越大、分子极性越强、溶解度越小，越易被吸附。吸附质浓度越高，吸附量越少。

4. 吸附剂的活性

吸附剂的活性是吸附剂吸附能力的标志，常以吸附剂上所吸附的吸附质量与所有吸附剂量之比的百分数来表示。其物理意义是单位吸附剂所能吸附的吸附质量。

5. 接触时间

吸附操作时，应保证吸附质与吸附剂有一定的接触时间，使吸附接近平衡，充分利用吸附剂的吸附能力。吸附平衡所需的时间取决于吸附速率。一般要通过经济权衡，确定最佳接触时间。

6. 吸附器的性能影响吸附效果

【知识拓展】

化学吸附简介

吸附质分子与固体表面原子（或分子）发生电子的转移、交换或共有，形成吸附化学键的吸附。由于固体表面存在不均匀力场，表面上的原子往往还有剩余的成键能力，当气体分子碰撞到固体表面上时便与表面原子间发生电子的交换、转移或共有，形成吸附化学键的吸附作用。

与物理吸附相比，化学吸附主要有以下特点：①吸附所涉及的力与化学键力相当，比范德华力强得多；②吸附热近似等于反应热；③吸附是单分子层的；④有选择性；⑤对温度和压力具有不可逆性。另外，化学吸附还常常需要活化能。确定一种吸附是否是化学吸附，主要根据吸附热和不可逆性。

化学吸附机理可分 3 种情况：①气体分子失去电子成为正离子，固体得到电子，结果是正离子被吸附在带负电的固体表面上；②固体失去电子而气体分子得到电子，结果是负离子被吸附在带正电的固体表面上；③气体与固体共有电子成共价键或配位键。例如气体在金属表面上的吸附就往往是由于气体分子的电子与金属原子的 d 电子形成共价键，或气体分子提供一对电子与金属原子成配位键而吸附的。

在复相催化中的作用及其研究：在复相催化中，多数属于固体表面催化气相反应，它与固体表面吸附紧密相关。在这类催化反应中，至少有一种反应物是被固体表面化学吸附的，而且这种吸附是催化过程的关键步骤。在固体表面的吸附层中，气体分子的密度要比气相中高得多，但是催化剂加速反应一般并不是表面浓度增大的结果，而主要是因为被吸附分子、离子或基团具有高的反应活性。气体分子在固体表面化学吸附时可能引起离解、变形等，可以大大提高它们的反应活性。因此，化学吸附的研究对阐明催化机理是十分重要的。化学吸附与固体表面结构有关。表面结构化学吸附的研究中有许多新方法和新技术，例如场发射显微镜、场离子显微镜、低能电子衍射、红外光谱、核磁共振、电子能谱化学分析、同位素交换法等。其中场发射显微镜和场离子显微镜能直接观察不同晶面上的吸附以及表面上个别原子的位置，故为各种表面的晶格缺陷、吸附性质及机理的研究提供了最直接的证据。

参 考 文 献

［1］ 天津大学化工原理教研室. 化工原理. 天津：天津科学技术出版社，1992.
［2］ 大连理工大学化工原理教研室. 化工原理. 大连：大连理工大学出版社，1980.
［3］ 李居参，周波，乔子荣. 化工单元操作实用技术. 北京：高等教育出版社，2008.
［4］ 王振中. 化工原理. 下册. 北京：化学工业出版社，1992.
［5］ 陆美娟. 化工原理. 下册. 北京：化学工业出版社，2001.
［6］ 谭天恩等. 化工原理. 下册. 北京：化学工业出版社，1998.
［7］ 李云倩. 化工原理. 下册. 北京：中央广播电视大学出版社，1992.
［8］ 刘爱民，王壮坤. 化工单元操作技术. 北京：高等教育出版社，2006.
［9］ 冷士良. 化工单元过程及操作. 北京：化学工业出版社，2002.
［10］ 周立雪，周波. 传质与分离技术. 北京：化学工业出版社，2001.
［11］ 张柏钦，王文选，环境与工程原理. 北京：化学工业出版社，2003.
［12］ 中华人民共和国职业技能鉴定规范（化工行业特有工种考核大纲）. 北京：化学工业出版社，2001.
［13］ 化工总控工国家职业标准. 北京：化学工业出版社，2005.
［14］ 现代化工. 2010，30（3）.
［15］ 谢建武. 萃取工. 北京：化学工业出版社，2007.
［16］ 刘同卷. 蒸馏工. 北京：化学工业出版社，2007.

参 考 文 献